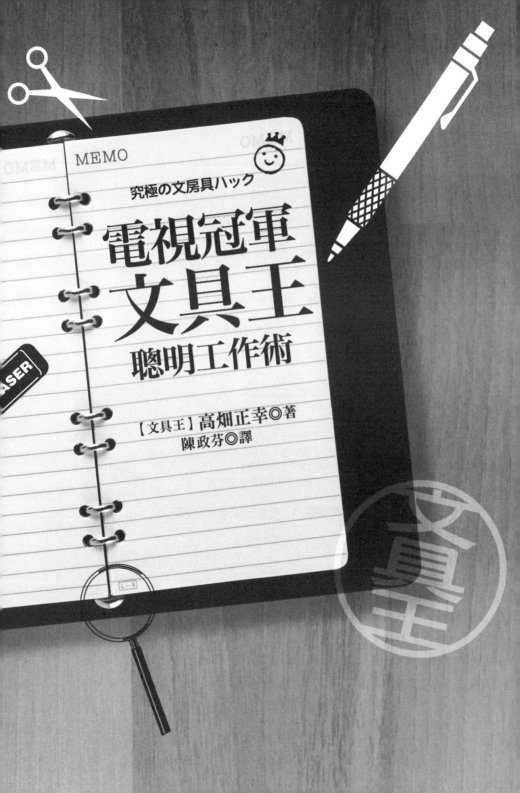

究極の文房具ハック

電視冠軍
文具王
聰明工作術

【文具王】高畑正幸◎著

陳政芬◎譯

CONTENTS

前言

　　本書所收錄的內容，主要是「文具王」——也就是我——在實際日常生活中所使用的聰明工作術（Lifehack）。

　　在日本，「工作術」、「生活術」或是「○○術」（Hack）一語在各行各業間流行開來，坊間到處常可看到或是聽到「○○術」，網路和書籍上也不斷地大量出現，其內容雖異，不過本書想要介紹的是一些經過我多番吹毛求疵最後才得出來的「工作術」。那到底是些什麼呢？

　　本書所介紹的內容，有將近一半是已經在日本《誠 Biz.ID》上的《B-Hacks！》專欄連載介紹過的物件。

　　「B」具有多重的意義，它既是日文「文具」（發音「Bungu」）的B，也是「Business」（商業）的B，不過是屬於「B級」、「B型」（筆者的血型）風格的解決方法，另外還有「便利」（發音「Benri」）之意，甚至有時也會嘗試一些看似「馬鹿」（發音「Baka」，無聊、愚蠢之意）的事等等。

　　「文具王就是這麼做的！」——我想我將盡力提出所謂文具王的作法供大家參考。

　　「○○術」一詞的意思，我的解釋如下，不曉得對不對：「○○術是指聰明的做事技巧或方法」。當然，這會因個人工作的內容、型態、目的、可使用的預算和時間等條件而不同，對能否適用以及效果的大小就會有極大的差異。

　　因此，工作術並非萬能，各位必須在參考之餘尋找最適合自己的方式。所以，請參考過我的作法後，再修改成適合自己的方法。

關於本書的內容，有不少地方連我自己都覺得看起來有些笨拙，也有一些即使還蠻方便好用，但可能會讓人覺得「看起來很寒酸，我不想學」，而有的方法甚至對您根本就毫無用處，因此就算您把覺得跟自己不合適的地方略去不看也完全無妨。

本書的寫法，若是用簡潔的架構，把技巧的原理原則一般化，會比把技巧一個個地寫下來還要好，但是我想，要是不具體地將技巧一個個詳細介紹，不僅無法讓人真正領會其中的意義，也不能顯示出工作術的特色。工作術即是從具體的實踐中所累積出來的體會，並不在於抽象的觀念。所以在本書中，我將詳述一些平日所使用的「小技巧」。

在介紹本書實例時，我將自己的做法實際列出後，發現那些很好用而會被人一直使用的方法，其中都有一些共通的要素，那就是：

◆不費時、力，甚至馬上就能實行（多少可能要花些錢）。

◆無論何時何地都可以開始。

◆可以先試試看，即使是中斷或是失敗幾次也不會怎樣。

◆當做到某個程度後就會有很大的效果。

然後再從這些要素中，整理出技巧上的一些秘訣或是習慣的共通原則。因此，本書將以我自己實踐過的B-Hacks（文具工作術）為例，說明採用這些技巧的背後想法。

本書各章的標題，是表示整章共通的原則。由於各章的劃分是依照工作術背後的想法類別，而不是依動作或是情況，所以在敘述或是文章的順序上，有些地方會出現重複或是沒按照時間的先後排列，這些還請各位多多原諒。

當然我並不會「為工作術而工作術」，為了要作介紹而勉強自己去試一些方法，然後就直接採用湊數。

不過，容我再強調一次，本書所介紹的事例畢竟是最適合筆者我個人，能否對各位讀者有所幫助，我並不十分確定。所以，雖然直接照著去做也很好，但若是有覺得不適合之處，希望各位能在理解各章的意義後，進而建立起適合自己的方法。

比起每個技巧的本身，其實產生技巧的原始「想法」才是工作術的泉源。如果能掌握最初的想法，之後無論是在生活還是工作上，我們都能把所有的行動化成聰明的技巧。

若本書能作為讀者的參考、提出適合讀者的方法，即使只有一、兩種，那就是筆者我最大的榮幸。

◆本書是以下網頁所刊載的文章為基礎，加上新作所構成的。
日本《誠 Biz.ID》上的《B-Hacks！》專欄連載2007年10月～2009年10月
http://www.itmedia.co.jp/bizid/bungkingindex.html
◆出現在本書的產品、服務的價格與規格是以2010年7月為準，若有未經預告變更之處，請於購買、使用之際，先向店家或於網頁等再次確認。
◆刊登於本書的照片和插圖是以作者私人使用的用具為主，部分或許與目前市售的產品不同，敬請諒解。

規格要盡量統一

統一

之章

不管是資料還是雜物，整理和效率化的大原則就是要統一規格和原則。
其中的重點包括：

1.原則要儘可能明確，不要有例外。
2.花費少又不費事，讓自己可以一直做下去。
3.儘可能利用很普遍、容易取得的東西和方法。
4.方法可以長久使用而不會被淘汰。

原則越簡單、例外的情況越少越好。建立原則最重要的就是不管碰到什麼情況都能不
加思索地馬上整理好，沒有例外。因為，一旦容許有「其他」的例外狀況，整個系統
本身就很容易在無意間瓦解。
而且，為了個人能夠使用，重要的是要儘可能花費少又不費事，可以持續用下去。尤
其方法若是一開始可以用，但若再繼續使用的話會讓人覺得麻煩，這樣不久就自然會
被淘汰了，很多方法便是如此。所以要採用某種方法時，就必須好好考慮「是否真的
有持續使用的可能」。
另外，所利用的工具或規格要儘可能具有普遍性，這點很重要。例如紙張的大小最好
是A4，而文字性的資料最好是文件檔，圖片檔的話最好是JPEG檔，文件類則最好是
PDF檔等等。特別是數位資料，若沒有特殊的軟體就無法打開，那麼以後可能不會再
使用第二次，所以要多加注意。
為了統一，就必須有所取捨，但方法若是能善加運用，便可發現箇中的好處。

讓所有文件的外型一致

不論是整理資料或是雜物，所謂的「整理術」，最重要就是要統一規格和原則。不論要整理的東西是什麼形狀，只要使其外觀一致，便能很容易地存放或是排列，要整理或是找東西也會很方便，這應該也是大部分整理術書籍共同的觀點。

要整理的東西最常見的就是文件。在企業裡，使用的文件尺寸大部分不是A4就是A3。如果使用B判大小的紙張覺得不方便，那就應該把它通通弄成A判的大小。在整理紙張歸檔之際，要是紙張大小不一、參差不齊，就會很難處理，增添許多無謂的麻煩。

通常我一拿到B4或B5的文件，除了蓋有印章或是有署名的重要文件外，我都會毫不猶豫地馬上拿去影印機把它放大或是縮小成A4。

只要文字不會太小，B4的文件就算縮小成A4，閱讀起來也都綽綽有餘。即使是雜誌或報紙的剪貼，把它影印成A4或是貼在A4的紙上也都沒問題。

還有一種讓人很傷腦筋的狀況就是，像傳真機之類的機器誤將紙張大小辨識錯誤，把A4的原稿印到B4的紙上。這時若把它縮小複製，要正好對準中央是有些難度，所以還是乾脆把它切割成A4大小。不過，要把沒有格線的紙張剛好切成A4，實在是一件非常麻煩的事。

不要把紙張剪成不同的形狀

因此，我會準備A4大小的「壓克力板」。平常我是把它跟其他文件一起放在資料架上，要用時只要將紙張先放在切割用的墊子上，再拿出壓克力板壓在上面，然後用美工刀將紙張周圍多餘的部分切掉就大功告成了。

因為壓克力是透明的，所以紙張要剪下的部分很容易對準。不論是什麼尺寸的文件，我都有把握能在30秒內把它裁成A4。

例如報紙的剪報，如果只把需要的地方一個個剪下來再貼到紙上，會很麻煩。其實只

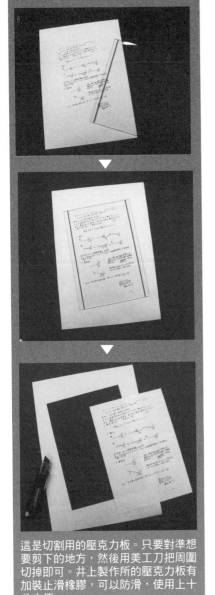

這是切割用的壓克力板。只要對準想要剪下的地方，然後用美工刀把周圍切掉即可。井上製作所的壓克力板有加裝止滑橡膠，可以防滑，使用上十分方便。

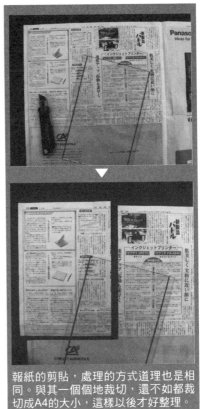

報紙的剪貼，處理的方式道理也是相同。與其一個個地裁切，還不如都裁切成A4的大小，這樣以後才好整理。

要將需要的地方裁切成A4大小，這樣就能直接歸檔。而如果連日期和報紙名稱也都包含在裁切範圍內，那就更方便，不必額外添寫。

當然，市面上並沒有販售這種壓克力板的文具，於是我便利用了日本東急Hands和Home center等店家所提供的材料加工服務。

不過，沒想到經我這麼一

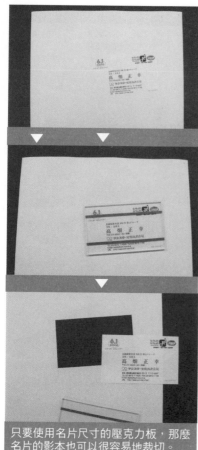

只要使用名片尺寸的壓克力板，那麼名片的影本也可以很容易地裁切。

很棒的產品。

壓克力板的止滑橡膠，和這種量尺所使用的是一樣的材料，由於是用專門的機器把止滑橡膠加裝進去的，所以不會隨便移動或剝落，耐久性十分優異。過去一般都是貼膠帶來止滑，現在這種新的設計比過去的產品更能讓人方便、俐落而且正確地切割。

影印好的名片也可以簡單地歸檔

後來我又拜託井上製作所製作了A3、明信片、名片等尺寸的壓克力板，結果也都棒極了。

名片尺寸的壓克力板非常實用，像從同事那裡拿到客戶、廠商的名片影印之後，只要對準壓克力板、唰唰畫上幾刀，就可以把它和其他名片收在同一個名片盒裡，讓人看了心情特別好。

至於A3的壓克力板，只要使用它便能把比A3大的大張紙正確地裁切出固定的尺寸，所以想要複製大張紙的某個部分時，便可派上用場。

此外，若是有聖經本尺寸的壓克力板，再加上手帳、記事本專用的打孔機，那麼不管

說，從事製圖量尺等加工的井上製作所便幫我把它產品化，而且還提供了附有止滑橡膠加工的特別款式。

井上製作所的切割用量尺，不但具有卓越的止滑功能、不鏽鋼製的邊緣，還有防止表面反射的「護眼防炫」設計，雖然知名度不高，但卻是

是怎樣的剪貼和影印，都能很快地變成記事本的內頁紙。像交通工具時刻表或是工作一覽表等，皆能如法泡製簡單地製作成內頁，夾進去，我也非常推薦使用。

從實用性來看，我會建議讀者先試試A4和名片尺寸的壓克力板，而且當然是選擇有止滑功能的較好。雖然價格並不便宜，但是這種簡單又超方便的工具所具有的價值，已遠超過它的價格。

另外，由於這項產品是廠商業餘額外生產的，所以依據尺寸的不同，有時是下訂後才開始製造，所以訂購時請預留一些製作的時間。除了以上提到的尺寸，只要是長方形，廠商都可以從各種固定尺寸的壓克力板裁切出來。

有需要的人，可以直接洽詢井上製作所，問明有關尺寸和費用的詳細情形。

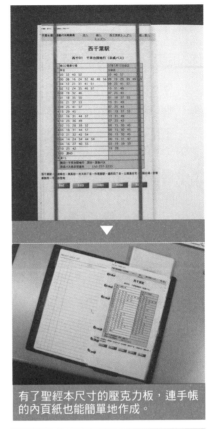

有了聖經本尺寸的壓克力板，連手帳的內頁紙也能簡單地作成。

井上製作所有限會社
TEL：03-3893-8827　http://www15.ocn.ne.jp/~jyougi/

你知道「多孔打孔機」嗎？

您知道有一種「多孔打孔機」嗎？不知道的人請先來認識一下。這是一種超方便的工具，光這個工具就可以稱得上是一種「聰明工作術」。

簡單地說，這是一種活頁夾專用的簡易打孔機。一般人常用的是2孔打孔機，但若是用這種多孔打孔機，誰都能很簡單地把A4的紙張打30個洞或是B5的紙張打26個洞。只要把紙張夾好，再將6孔打孔機固定好位置，一次可以打6個洞，30個洞分5次打完，靠手掌的力氣就能打很多洞。

一般活頁紙的使用者大多是學生，對同時要上許多課的學生，不用一次帶齊各科的筆記本，或是缺課時只要事後再將筆記輕鬆插入即可，這種活頁式的筆記本好處實在很多。有以上這些情況的學生，應該就很容易了解這種打孔機的好處。不管是教科書、參考書、朋友筆記的影印，還是報告、相關資料等的列印資料，只要使用多孔打孔機，就可以做成活頁紙歸檔，十分方便。

這麼方便的工具，在工作或是家庭中實在沒理由不去用它。在工作上，大部分的文件是電腦直接列印出來，或是影印機的影本，所以可以用30孔的資料夾來裝訂，然而一般則是用2孔打孔機打洞後歸檔。

用多孔打孔機打的30孔位置，會比一般2孔打孔機打的洞更接近紙張的邊緣（見下方照片），所以如果是邊緣空白

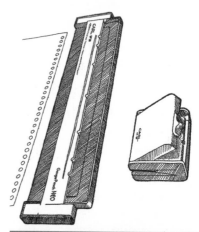

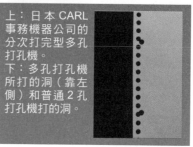

上：日本 CARL 事務機器公司的分次打完型多孔打孔機。
下：多孔打孔機所打的洞（靠左側）和普通2孔打孔機打的洞。

較少的文件，用30孔比較不用擔心文字會被打洞。

還有更重要的是洞比較多的話，紙張會比較堅固耐用。30孔比2孔平均每孔要承擔的力道，單純計算的話是2孔的15分之1。比起2孔裝訂的文件，30孔文件洞的邊緣比較不容易損壞。雖然也有人會將越來越鬆的2個洞用加強圈貼住，但若是多孔文件則根本不需要擔心。

雜誌檔案夾容量增大3倍

多孔打孔機在個人的興趣上也很好用，像我就十分推薦用於雜誌等剪貼的收集、整理。

我以前也是將雜誌剪下來，再一張張放入透明的資料袋裡保存。請各位仔細地思考一下，把剪貼放入資料袋時，原本一頁的剪貼變成要用兩頁透明外皮來裝，整張剪貼就變成三層的結構，也就是：透明外皮＋剪貼資料＋透明外皮。這樣一來，最後儲存的檔案就有三分之二根本是不需要的東西。

或許有人會認為，一個資料袋可以放數張剪貼，不過，若是放入好幾張剪貼，那麼要

找資料的時候就很麻煩。不能插入頁面的固頁式資料簿不在這裡的討論範圍，因為如果一開始就已經知道裡面的頁數不會再增減那就還好，但要是後來想再插入一頁，就必須全部重放，而且還不能超過固定的頁數，就算只差一頁也不行。

除了圖片等怎麼也不想在上面打洞的紙張，像報章連載的剪貼、食譜等所收集的紙本資料，用打孔機打洞基本上都不成問題，而且還可以不用透明的資料袋，減少整個檔案的厚度。所以同樣的檔案夾便可以裝訂三倍的量，無論是金錢或是空間上都能節省許多。

另外還有一點十分重要的，就是這樣做不會常常碰到「裡面的資料袋沒了所以無法裝訂」的狀況。去買個資料袋會比去買資料夾更令人覺得麻

裝訂了許多雜誌剪貼的檔案夾。大部分的頁面都可以用打孔機打洞。

煩，我想應該不只我有這種感覺。當然，我不建議把雜誌做成2孔的檔案，因為雜誌的紙張常常比影印紙更容易破。

用A4紙張做相簿

接下來要來談相簿的製作。雖然現在的數位相機和印表機的性能已經可以讓人不用依賴照相館，但還是有很多人將數位相片印到3×5尺寸（即8.9cm×12.7cm）的相片專用紙上，然後再一張張裝入一般口袋型的相簿裡。

這種方法不是不好，不過可以換個靈活的方式想想。譬如將所有的照片用A4列印，而A4的紙張可以1頁印1張、16張、甚至到30張的照片，有各種的列印模式可供選擇。印到A4的紙張後再用打孔機打洞、裝訂成冊，這樣便很足夠了。另外也可以將喜歡的照片放大成A4一頁，或是將一些記錄性較強的照片縮小放在同一頁。

若用現在高畫素的相機拍照，卻只是印成一般3×5照片的大小，實在很可惜，希望大家來試試一次把喜歡的照片放大印滿整張A4紙，你就會發現，照片大小不同，看起來感覺怎麼會差那麼多。

裝訂時請不要放入透明袋裡，就這樣直接呈現。列印出來的照片紙張不要放入透明袋裡才會好看，或許您會怕弄髒，不過數位照片隨時都可以重印，所以還是盡情地欣賞美麗的照片吧。

而且，依列印方式的不同，照片的邊緣可能會被打到洞，雖然這也可以用設定的方式讓邊緣留白，或是用照片加工軟體來避免，但是經實際嘗試，我發現與其增加邊框，還不如將照片放到最大，沒有邊框看起來更棒（即使照片上被打了洞也沒關係）。

如果只有一張照片，不管是誰都不會喜歡在上面打洞，但若是數位相片，由於原版已

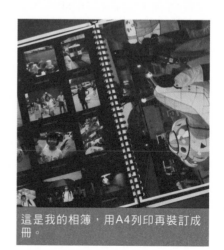

這是我的相簿，用A4列印再裝訂成冊。

經保存在電腦裡，所以製作相簿還是應該以相簿整體的感覺為主。

把相簿做成A4大小，這樣就容易與其他的文件或檔案一起整理了。

一次打完型多孔打孔機

到目前為止談的都是分次打完型多孔打孔機的好處，不過它也不是沒有缺點——就是處理的速度較慢。它一次可以打洞的頁數，一般紙只有4張，而且打一排洞要分5次作業，如果只是應付閒暇時的剪貼程度倒也夠用，但若是工作上經常要用到，當然還是操作簡單又快速的打孔機為佳。

有這種需求的人，我會推薦使用另一種價格稍貴的「一次打完型多孔打孔機」。這種多孔打孔機是固定式的，只要將紙張插入機器的夾紙空隙處，再將上方半圓狀的滑輪由一端推往另一端，便能快速將一排30個洞一次打好，不用說當然是非常地輕鬆囉。

總之，建議您先實際體會一下這種打孔機的實用性，我保證您用了之後會愛不釋手。

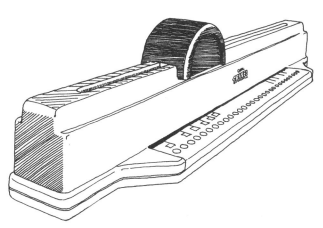

日本CARL事務機器公司的一次打完型多孔打孔機。

難以整理的信件

最近我將文件儘量掃描存放以節省儲存空間，但還是有不能丟的紙張，首先碰到的就是信件。我從學生時代就是這樣，信件怎麼也捨不得丟，所以這裡我想來談談有關我個人信件的保存方法。

老實說，保存別人寄給自己的信件是為了自我滿足感。要能稱得上工作術就要加以個人化和趣味化。保存信件的目的，並不是為了要把它存起來當作一種資料，而是單純地想珍藏所收到的禮物。既不是要從中生產些什麼，更不是為了商業目的或提高效率。當然，如果要系統性地思考，或許應該把它掃瞄後直接丟掉，但若實在捨不得丟，那該怎麼辦呢？

由於信件大小、形狀不一，要直接整理其實很不容易。首先信封大小不一，如果每次收到信件的信封都能一樣的話，整理起來不知道會有多輕鬆。當然囉，收到尺寸不同的信件時還是會很高興，畢竟人類是隨性的動物，所以收到不同尺寸的信件是很正常的。

一般人是怎麼收信的呢？就我所知，不管是真實的或是電視、電影裡出現的情景，大部分的人拿到信後，會先拆開信封、取出信，然後打開來仔細閱讀，過了一會兒，不是會心地微笑就是面露難色，然後再用與先前完全相反的順序把信件折好、收回原來的信封裡，然後再放在桌子上什麼的……。

很可惜，我所觀察到的整個動作景象就到此為止。再來呢？是把信給丟了？還是收到什麼地方保存？

假設沒有丟的話，可能就是直接放到抽屜或是像盒子之類的東西裡。但是這樣的話，信件不就會像秋天公園裡枯萎的落葉越積越多？到底那些信件是誰何時寄來的也搞不太清楚，而且要是想重新看看內容，還要再拿出信，重新打開閱讀。

別人到底是怎樣處理信件的呢？明信片市售有各種專用的收納、整理商品，不過與整理信件有關的系列商品就很少

看見。

嘗試將信件「標本化」

關於這個問題，我從國中時代起就開始不斷摸索，當時我是將信件依序放入B5大小的固頁式資料簿。先將信攤開放進資料袋的某一面，然後再放入信封。

靠這種歸檔的方式，所以至今我還能看得到那些信。然而一封信若是超過一張，要看信就得從資料袋裡把信全部取出，而且資料簿本身也有厚度，所以裝完信整個資料簿體積就會變很大。

再來看看市面上所販售的信封信紙組，很多大小都是B5以下，大致上都能收好，但B5這種尺寸，實在讓人不解。信件也是一種文件，對我這種堅持規格統一A4派的人來說，就是想要把它給A4化不可。所以從大學時代，我便開始將信件「標本化」。

國中時教我基本歸檔和寫報告方法的老師是一位老植物學者。植物學者在保存植物樣本（形狀各異）時，會先將植物貼在一定的硬紙板上做成標本再歸檔。要保存下來的是實物而非照片或是影本，這其中便具有很深的意義。植物和昆蟲、動物不同，可以壓成平面、做成標本，於是我便想到把這方法運用到信件上。

我的作法是將信件直接貼在A4的活頁紙上，或是前面介紹過的用多孔打孔機打了洞的紙上，把它A4化。當然，所使用的資料夾和在整理雜誌剪貼時所使用的是同樣的，而紙張只要是A4大就好，但有些信件或信封有厚度，所以紙張多少還是要堅固（厚）一點比較好。我所使用的紙張是空白的影印紙，然後再用多孔打孔機打洞。

基本上，一張紙可貼一封信，大致上一面是信而另一面是信封。信封有正反面，所以我拆開信封時是割開三邊而不只是一邊，把它全部攤開之後再來貼。

這時我會用拆信刀，因為若是用一般的美工刀，就常常會割到信件折痕以外的地方。至於拆信刀，最好是金屬製又好握好拿的。

張貼的方式，用雙面膠帶或是訂書機固定皆可。使用雙面膠帶可以貼得很整齊，而用訂書機可以適當固定。信若是有好幾頁，可以將信的上方邊

一面是貼信，而另一面是貼信封，將信件標本化。

緣固定，便能翻著看信。

此外，如果把信整個貼在紙上，信的背面就會無法閱讀，所以要盡量把沒有字的那面拿去貼，這樣大部分的信件都應該可以處理。

我之所以不使用固頁式資料簿，除了厚度的問題，是因為我是個觸覺型的人，喜歡直接觸摸信件本身。

這樣一封信便可以保存在一張紙上，然後就可以和其他的文件一起排放在書架上。由於是活頁式的，所以之後要再插入增加的頁面也沒問題，而且作為底部的紙張來源亦充分。

接下來講的或許會讓人覺得有點囉唆，那就是拆開信件的同時不妨順手割開信封三個邊，這會比你收好信還簡單。

即使厚重的信件檔案夾不在身邊，還是可以先將信件固定在影印紙上，所以若在公司拆開信，便可以先用訂書機將信件訂在A4的影印紙上，等回到家後再打洞歸檔即可。

「真跡」才有意義

可能有人會不喜歡我這種拆解信封、張貼信件的作法，或是認為「信件不需要做成像文件檔案一樣」。

我想，比起將信直接放入盒子裡，以上所介紹的方法可以讓信保存得更好，可以把它想成是一種押花或是剪報的樂趣。

其實私人信件的保存方式，就像是上完廁所要怎麼擦屁股，是個人的事情，根本是我管得太多，加上我也不知道別人是怎麼做的，所以就這麼大膽地提出了我的作法。

如果有人知道更好的方法或是商品並且能告訴我，那就太好了，或許我就會換個方式。

就如一開始所說，若是從資料的角度來看，保存書信這種作法幾乎是沒有必要的。

假如只是需要裡面的資料，只要把它掃描下來保存，連存放的空間都省了。

但是，信件——尤其是手

用這種方法便可將形狀不一的信件收在固定型式的檔案夾裡，只要經過適當的張貼便能閱覽。

寫的個人信件，和大量生產的印刷品或電子郵件不同，這是寫信的人為了我花了寶貴的時間所寫下來的一種信物。

信件就是花了這樣時間的最後結晶，所以我才會想要蒐集「某個人為了我所花的部分人生時間」。

這麼一想，「真跡」就有其特別的意義，家中好幾冊厚重的檔案夾不禁讓人心裡感到陣陣的溫暖，要叫我把它「掃描後丟掉」實在很難。

04 活用「山根式資料袋檔案系統」

用日式方型2號信封作字典式的檔案管理

在整理檔案的文件時，我會使用山根一真先生所發明的「山根式資料袋檔案系統」（《超級書齋工作術》1985年，Business ASCII／1989年，文春文庫）。

作法是使用日本A4文件最普遍使用的「方型2號」信封（譯注：這是日式規格240×332mm，介於台灣信封規格小4K與正4K間），一個檔案使用一個信封，將所有相關的資料全部放入。

即使有規格不合A4的設計圖或地圖等，只要能折好放入信封，一樣可以收到A4專用的櫃子或箱子裡，而且信封裡還能收藏有厚度的東西，所以可以放一些紙以外的東西。

而管理的重點是檔案的名稱命名方式，命名的原則是用日文開頭的前三個片假名來表示（譯注：台灣的作法或可改依注音符號、英文字母的順序排列）後面依序是內容、日期。

山根式資料袋檔案系統。一個檔案使用一個信封，將所有相關的資料全部放入。

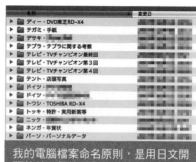

我的電腦檔案命名原則，是用日文開頭的前三個片假名。（譯注：台灣的作法或可改依注音符號、英文字母順序排列。）

我基本上是採取字典式的管理方式，而非日期管理。透過這種檔案命名的方式和信封尺寸的一致化，就可以「平面式」地輕鬆處理所有的檔案。

另外像野口悠紀雄先生的「超整理術」，它的方式是按時間的順序排列，但是像我對日期的記性很差，如果過了一段時間想要找某個資料，上次使用的時間根本就不記得了，所以用名稱排序的方式對我來說比較輕鬆。特別像是在商品開發等情況，因為商品名稱容易了解，所以在管理上也很容易。

這種方法也很適合在家裡整理私人文件，像我除了網路和手機的契約書，連護照也是用這方法來歸檔。

個人電腦的資料夾也用山根式管理

在建立紙本檔案的同時，我在電腦裡也會建立同樣的資料夾，將同一個檔案有關的資料放入。

在電腦中我也是使用山根式，如果連資料夾都能很容易找到，要找裡面的資料就更容易了。

片假名的檔案名稱在搜尋時便能發揮很大的效果，在日語上，若是依照檔案名稱排序，日文和英文字母不同，日文並不會按照讀音的順序排列，而要使用片假名，檔案才會按照日語五十音的順序確實排好，所以可以直接從檔名上一目瞭然。把每個檔案依這種平面的字典方式歸檔，比起多

階系統樹狀檔案的方式，搜尋起來要更加容易。

只要資料夾的名稱原則統一，就算一層有數百個資料夾，也能毫無困難地找到，這是經過我10年來的實際結果所證明的。即使資料很多，我也都能肯定「要找的東西一定在這裡」，可以放心地找資料。總之，資料夾的命名必須確實做好。

當檔案完成後，將信封裡的資料全部加以掃描，並在相同名稱的資料夾內建立「文件掃描」子資料夾，再將資料放入該資料夾即可。這時即使沒怎麼詳細整理也暫時OK，有需要再去查閱資料夾的內容即可。

但是，不管是紙本還是數位資料都要特別注意版本的管理。除非有特別原因，否則除了最後的版本，其他舊的版本通通不可留下。即使有需要，版本的命名規則也要能一目瞭然，千萬不要取「○○最後版」、「○○最新版」這類的名稱（因為常常以為已經是最後定案的檔案，結果又再度修改）。

像我會把自己的命名規則和記號做成一覽表，然後放入透明的卡片夾，放在桌上的文件架旁，想要替檔案取名字時就可以看到，如此儘可能維持統一的命名方式。

一元化的管理理想

再來，硬碟方面，最好儘量集中一個。除了在公司使用的伺服器已經固定，其他個人的資料，除了影音DVD等影像資料以外，從我開始使用電腦以來，全部的資料加起來一個硬碟就夠了。

我現在所使用的是2.5吋的行動硬碟「MyPassport 1TB」（Western Digital製），規格是18×110×83mm、重190g，容量有1TB（1兆位元組）。對要存很多動畫的人來說或許不夠，不過對我來說，能存入數十萬張的圖片等資料已經很足夠了。

當然，我的資料每天都在迅速地增加，不過硬碟也同時在朝大容量化前進，如果真的覺得不夠用，那就像寄居蟹換殼，再換一個容量更大的硬碟就好了。

從「統一化」的意義來說，最終理想的型態應該是像雲端服務的一元化，不論在何處都可以使用所有的檔案，而

且會自動地更新，但是目前大部分的服務即使是有付費，個人所能利用的容量還是有限，不算足夠。

這種共用的模式雖然很方便，但若不能將自己的資料全部上傳，那就勢必要另外增加一個行動硬碟。

雲端服務還有另一點要注意，就是要先將資料備份在本機，因為若是作業與雲端並非同步就會很危險。

提供雲端服務的業者標榜「只要能連上網路，無論何時何地都可以像在辦公室一樣的環境下工作」，但是相反地也就是說「要是不能連上網就什麼都不能做」。一般人並不會隨時都有網路可以連上，「要是能連上網路……」哪天你就只能含淚興嘆、無語問蒼天了。

當然，重要的資料若只集中一處，萬一硬碟故障或是弄丟了，那就全完了。

不可否認是會有這樣的風險，畢竟硬碟是消耗品，再怎麼可靠有一天還是會壞，而且何時會壞也無法預測。

為了防患未然，必須將資料備份在另外的大容量硬碟裡，而這種作法的重點是每天都要勤勞地備份。

若是資料沒了，最讓人頭痛的就是目前使用中的最新檔案，雖然知道每天要做備份很重要，但畢竟很麻煩，所以必須自動化。如果使用備份軟體自動差異備份，就可以在設定好的時間自動將每天資料增加的部分備份起來，既省時又省事。

像我就有過電腦裡的畢業論文資料不小心消失而要全部重打的痛苦經驗，因此資料備份的重要性我再怎麼強調也不為過，各位可萬萬別小看。

使用聖經本尺寸記事本的理由

雖然我是A4的忠實擁護者，但唯獨紙本的記事本手帳，我使用的是活頁聖經本尺寸（95×170 mm）。使用活頁記事本可以輕鬆放入所需要的文件，而不要的部分（像已經結束的計劃表等）拿掉即可，手帳記事本就會變得輕薄好攜帶，而且新的年度也不用另外換一本等優點，不過統一規格擁護者的我，使用的尺寸卻是聖經本尺寸而非A5，理由有二。

一是內頁的多樣化。活頁記事本最大的好處就是可以靈活地運用各種內頁，而且同一種內頁也有許多樣式可供選擇。包括統計表格和手冊等，都是以聖經本尺寸的種類占大多數。像日本效率協會的「Bindex」系列，光是時間計劃表就有15種以上可供選擇。雖然從資料處理的原則來說，還是希望統一用A4的大小，但唯獨手帳記事本還是以聖經本的尺寸最為普遍。

另一個理由則是一般上衣的口袋尺寸，包括西裝，都放不下A5的尺寸，但聖經本尺寸便能放得進去。若常要隨身攜帶，A5畢竟還是大了點。不過，即使攜帶方便卻無法機動地隨時查看，不如使用電子記事本，比紙本記事本方便，畢竟隨身帶著走的東西，還是越輕薄短小越好。

基於以上原因，所以雖然我的手帳記事本是用聖經本尺寸，但是電腦文件還是列印成A4使用。這該怎麼辦呢？兩種不同的格式並存，使我很頭痛。

袋鼠式資料夾

野口式「超整理手帳」萬用記事本是A4橫放再左右對折兩次的長型尺寸，它的厲害之處就是只要將A4紙折好就可以夾入記事本裡。其獨特的摺疊式時間表，一攤開就是四週份的A4大小，瘦長的外形，很容易放入口袋，這種統一規格的大膽作法真不愧如野口先生所宣稱的是「超級」記事本，我非常贊同他的想法。

因此我也曾試用過這種

記事本，不過因為還是用不習慣（由於每週時間表的書寫空間以及格式的書寫舒適度的問題），所以後來就沒用了。

不過，確實如野口先生所說的，將PC列印的A4文件隨身攜帶參考實在很方便。看看周圍的人，很多人也是將A4折兩次、折成長方型（同野口式），再夾入自己的記事本（不限於聖經本尺寸）裡。當然，因為這只是簡單地夾著，畢竟還是和實際的「超整理手帳」記事本不同，所以偶爾裡面的夾紙還是會掉落。

若是常常要看的重要頁面，可以把它從A4的大小縮小成40～45%左右（依資料邊緣空白處多寡而定），再用前面介紹過的壓克力板（請參考P8）切割成聖經本的尺寸、打上洞然後再裝進記事本裡；但若只是一時要看，那就直接夾入即可。

所以真抱歉，我借用了野口先生部分的東西──袋鼠式資料夾。這種方便的透明資料夾是「超整理手帳」記事本的附屬品，可以不用將插入的A4內頁一一取出便能直接閱覽。只要把它插入自己的記事本即可，雖然並非所有類型的記事本都能適用，但只要記事本封底內頁為口袋狀便適用。

在袋鼠資料夾裡面我放的是時間表，基本上雖然我是用電腦做時間管理，但是只要將一頁分成兩半、單面印雙頁，就能隨身攜帶兩個月份的時間表。由於折成屏風狀，一次打

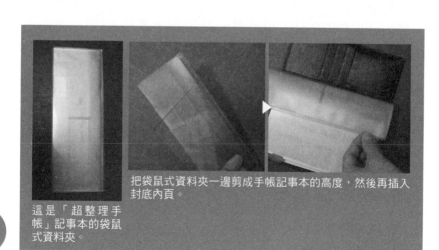

這是「超整理手帳」記事本的袋鼠式資料夾。

把袋鼠式資料夾一邊剪成手帳記事本的高度，然後再插入封底內頁。

開便是一個月的時間表，所以很容易閱覽，而且若把兩張時間表黏接在一起，還能一次看到四個月份的計畫。

雖然野口式的格式最後都

兩個月份的時間表印在一張A4紙上，用這種摺疊的方式就很容易攜帶，而且記事本一打開便能看到整個月的時間表。

要設計成A4的四分之一，但是因為折成屏風狀，所以頁面打開來其實就是兩張A5連在一起的大小。因此當要列印普通A4時，只要版面設定選擇單面雙頁，大部分的文件就能列印成容易閱覽的A4雙頁。

若想讓紙張連接在一起，可以在屏風狀紙張的一邊塗上雙面膠帶、把紙黏接在一起，這樣便能隨意增加長度。像是需頻繁更新的工作一覽表等，利用這種方式便能簡單地夾入記事本裡。

當然，由於野口式的袋鼠式資料夾比聖經本尺寸的手帳長，會有超出的部分。但由

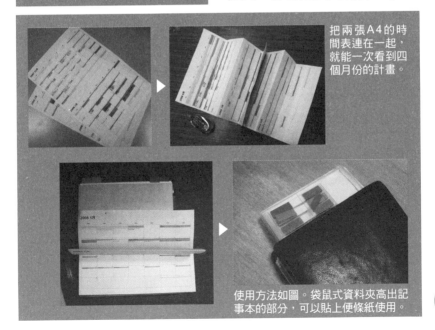

把兩張A4的時間表連在一起，就能一次看到四個月份的計畫。

使用方法如圖。袋鼠式資料夾高出記事本的部分，可以貼上便條紙使用。

於記事本若寬度增加，就會無法放入西裝口袋，而增加的若是長度，則不會有太大的問題（超出的部分我是貼上便條紙）。

這個超出的部分最後我是用「訂做」的方式來解決（詳後述），不過想法已如上述。基本上，能將A4文件和手帳記事本融合在一起使用，非常方便。

06 把多面插座連接成毛毛蟲狀

行動派必備的萬能插座

擁有許多數位機器，最讓人頭痛的問題莫過於電源問題了。

大家都在為電源的事傷腦筋，這只要看電源插座的賣場便能馬上了解，各式產品羅列其間，有附接地線的、防止脫落的扭轉鎖住式、多孔多切延長線（即各插座附有獨立開關）等等類型。

但是購買時要注意，雖然有6孔、7孔等各種延長線，但並不是孔數與自己有的機器數字符合就可以了，像7孔的延長線，真的插孔全都能用得到嗎？

延長線插座的方向不管是直的還是橫的，大多是一排或是兩排依序排列。這種排列其實並不如想像中的那麼完善，建議您回家再看一次所要使用的插頭形狀。插頭本身並沒有什麼問題，但是許多數位機器與其電源供應器並不是一體，而電源供應器的形狀也各異。

許多週邊機器所附的電源供應器有拳頭般大，特別讓人討厭，像是從長方體上長出一點都不精緻的兩根暴牙。不管把它朝哪個方向擺，體積都非常巨大，重量比起機器本身常常有過之而無不及。雖然機器本身輕薄短小，但出差時必需帶著電源供應器。由於它也是產品的一部分，我希望廠商這方面能加強，不過看來似乎並沒有改善的跡象。

這種「代謝異常」的特大電源供應器一插上插座，就把旁邊的插孔給蓋住了，運氣不好的話，一個電源供應器會佔掉三組插孔。七人座的位子不一定能坐七個人，不是嗎？像

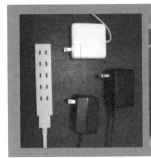

即使是5孔的插座，因為碰到特大號的電源供應器，所以只能使用其中的2孔。

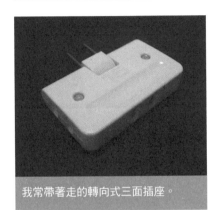

我常帶著走的轉向式三面插座。

在家裡或辦公室都已經如此，要攜帶外出時情況更嚴重。一般外面飯店插座的插孔通常很少，甚至只有一個插孔，這時就只能挑一個機器先用，而且插座還不一定就落在想要使用的地方。

毛毛蟲插座

我出差時一定都會帶筆記本電腦、手機、數位相機，有時還會視情況或目的再增加其他的東西，所以多孔的插座是一定不可少的。我所使用的是轉向式三面插座（**見本頁照片左下方**），在日本百元舖有販售，在家電量販店則大約300日圓以內就可買得到，算是很便宜的東西。

27頁最上方照片的無印良品的延長線插座雖然十分精巧，但因為電源供應器過大，所以只能使用其中的2孔，這種情況並不算少見。

還有，要注意的是扭轉鎖住式的延長線，雖然它可以防止插頭意外脫落，安全性較高，但要拔掉插頭時就必須把插頭轉向，那時若會撞到旁邊插頭，就無法使用了。而插孔間隔較大的延長線，體積卻太大，很礙事。

光帶這個就好了嗎？那當然不是。出差時我會帶三個這種三面插座以及一條無印良品的單孔延長線，這樣做絕對比多孔的延長線插座更能應付各

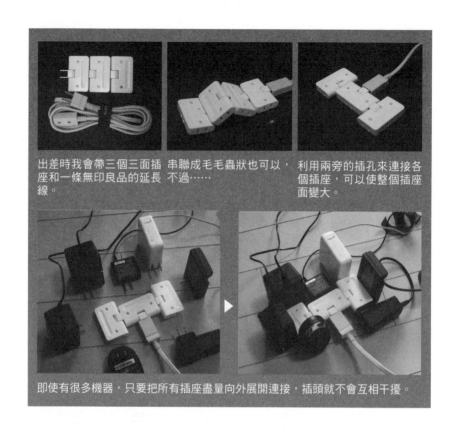

出差時我會帶三個三面插座和一條無印良品的延長線。

串聯成毛毛蟲狀也可以，不過……

利用兩旁的插孔來連接各個插座，可以使整個插座面變大。

即使有很多機器，只要把所有插座盡量向外展開連接，插頭就不會互相干擾。

種意想不到的狀況。

我除了會把三面插座連接成毛毛蟲狀串聯起來，還會利用兩旁的插孔來連接各個插座，使整個插座面變大，效果更好。這樣除了中間的插孔，使用其他六孔時不會互相干擾，所以在使用上七孔都能充分利用。

此外，若碰到像插座已經被冰箱、電視、檯燈等插頭占滿時，這種插座的組合方式便能派上用場。只要先把原先的插頭拔掉，再插入這個三面插座，然後把延長線插入其中新增的一個插孔，最後再將兩個三面插座插進延長線的插座，這樣除了原有的檯燈等家電可以繼續使用，另外又多了五個插孔可以利用，在使用上更具彈性。

不過，在安全上不建議毫無限制地連接許多插頭，像這種插頭的電流容許範圍是「最

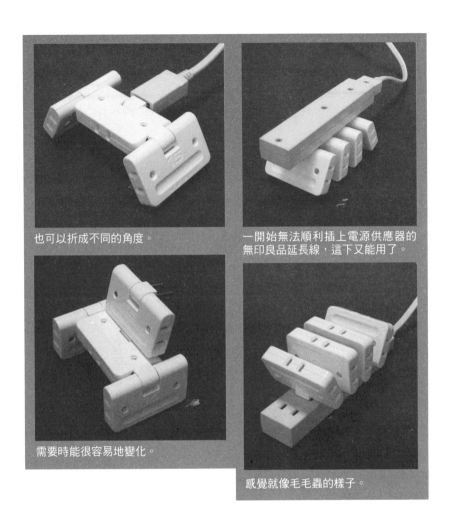

也可以折成不同的角度。

一開始無法順利插上電源供應器的無印良品延長線，這下又能用了。

需要時能很容易地變化。

感覺就像毛毛蟲的樣子。

大15A、125V、1500W」，所以一定要注意總電流量不可超過。電力消耗較小的行動式數位機器大部分不會有問題，但若是吹風機等電力消耗大的電器用品，最好不要和其他機器共用一個三面插座。大體上，三面插座兩個（接起來可用5孔）或三個（接起來可用7孔）就很夠用了。

由於插座鬆脫或是沾染灰塵都可能會釀成火災，所以不僅是三面插座，使用這類的東西時都十分小心。

攜帶方便的USB電源

前面講的是一些有關插座的事，日本的插座規格統一可說是實在了不起（各國插座的形狀、電壓各異，而東、西日本也還是有周波數不同等的問題），只要有插孔，日本大部分的一般電器用品只要把插頭插上便能使用，真是太厲害了。

不過，最近還有一種以小型電子機器為主的電源統一化在進行——沒錯，就是USB。USB本來是傳送資訊的一種傳輸線，同時也能提供電力，現在大部分的PC都有配備USB，所以能夠很容易取得

可同時充四台USB機器。我光是手機就有三支，所以USB電源是必備品，尤其像出差時更是不可少。

電源，所以尤其是作為行動式工具的電源，USB已經是一種很普遍的統一規格。

USB到底會不會像100V的電源（譯注：這是日本的電壓規格，台灣主要為110V）插頭變成是一種固定的規格呢？一般預計因資料轉送技術的進步，USB規格會漸漸被淘汰，所以未來被取代的可能性極高，不過至少目前它是最普遍的一種小型機器用電源。

許多機器如一般手機、智慧型手機、數位終端機等都有配備從USB連接器取得電源的傳輸線（或是他廠生產的）。出差等外出使用時，會不想帶著像電源供應器等佔空間的工具，這時若能將每個機器的USB用的電源供應器和能從USB取得電源的傳輸線合併、先準備好，就可以減輕行李（USB的統一規格是5V/500mA，但也有部分的機器需要更大的電力，有時會無法充電，所以請先在家自行測試能否充電）。

我所擁有對應USB的機器很多，包括iPad、iPhone、公

SANYO三洋的攜帶式雙USB鋰離子充電池「Eneloop mobile booster KBC-L2AS」

MacBook專用的大容量預備電池「HyperMac」。電池續航時間加上本機的電力可達大約三倍。

司手機、NTT Docomo手機、eMobil的「Pocket WiFi」等。因此我推薦使用「P-4WAY USB AC Adapter PD-4系列」（Protek製）這種4孔的USB電源，只要一個就能同時為四台行動式機器充電。

充電池也統一使用USB

外出時要確保隨時有電源可用更是困難，雖然最近以提供電源為賣點的咖啡館等場所正在增加，但還不到到處可見的程度。另外，手邊需要充電的機器很多，有時發現沒電已無法充電，這時若有預備電池，就能放心了。

此時若是統一使用USB，就能共用一個充電池。行動用的預備電池我推薦SANYO三洋的攜帶式雙USB鋰離子充電池「Eneloop mobile booster KBC-L2AS」（譯注：新款KBC-L2BS已上市，其輸出電流值是舊款「KBC-L2AS」的2倍）。有雙USB供電插口，可以同時充兩台機器。或許您會覺得不需要同時充兩台，但實際上我就曾因此而得救幾次，所以最好還是有備無患。這款預備電池的電力容量在小型充電池中已算是相當大的，所以即使經常在iPhone使用GPS衛星定位，也能令人安心。

MacBook筆電的專用預備電池「HyperMac」

現在筆記型電腦的電池持久性雖然已經比從前大幅增加，但一邊工作同時還要一邊注意電池的存量實在很麻煩，所以我還是另外準備了一個相當重的電池——「HyperMac」。這是MacBook專用的預備電池，尺寸有好幾種，而這是其中第三大的尺寸，100Wh型，電力容量大約是我的MacBook Pro電池的兩倍，稼動時間（電池續航時間）則將近達三倍（需視情況而定）。

雖然重達795g是它的缺點（iPad是730g），但有了它外出時就不用怕了。像我在家庭餐廳閑坐、坐新幹線時用過多次，至今還沒碰過中途電池用完的情形。

這款HyperMac上面有Mac專用的連接器插口和USB連接器插口各一個，同時可以供應兩種電源，所以可以不擔心電池存量，放心地同時使用eMobile的Pocket WiFi等等（※）。

※現在Mac專用的預備電池，我所知道就只有這個系列，而Windows等其他機種的預備電池有許多種，請大家找找看。

08 運用「野口式『超級整理術』」來整理衣服

收納集中一處、規格亦統一

在日常生活中我們經常為了整理東西傷腦筋，尤其是衣服的整理應該是家中很讓人頭痛的問題。

這裡讓我們來運用商業文書整理的想法吧。在商業文書的整理方法中最知名的，野口悠紀雄先生所提倡的「野口式『超級整理術』」便是其一，

重點有三：
1. 一個收納櫃的原則（收納集中一處）。
2. 規格統一（資料全部裝入方型2號信封內，使外觀一致）。
3. 按時間順序排列（不依內容分類，而是把最近使用過的資料，按時間順序排列）。

我就是把以上三原則運用在衣服的整理上。

首先是「一個收納櫃的原則」。不需要把衣服分類再收到各個衣櫃抽屜裡，而是將內褲、襪子、領帶以外所有的衣服全吊在吊衣桿上，即使換季也不需要移動位置。因為若是放入衣櫃抽屜，可能就會忘了它的存在，而且找衣服會很花時間。為了要搞清楚自己到底有哪些衣服、買了多久，所以要用這種收納方式。

不需要把衣服分類再收到各個衣櫃抽屜裡，只要將內褲、襪子、領帶以外所有的衣服全吊起來即可。

如果把衣服收到看不見的地方，那麼就有很高的機率不會再用第二次，這和整理文件的情形是一樣的。總之，基本上能吊起來的衣服就全把它吊起來依序掛好，就不會發生像「明明就是放在某個地方……」卻要辛苦地找衣服這種情況。

如此可以對自己衣服的狀況像直線圖般看得一清二楚，可能就會意外地發現衣服種類不均，例如「這種衣服怎麼那麼多」、「怎麼只有這些」等等。就趁這個時候把不需要的東西處理掉吧。若能掌握衣服的整體情況，就能作為買衣服時的參考。

下一個原則就是要「規格統一」，所以要儘量用同樣的規格處理自己的衣物。當然，衣服的形狀各異，要把它全部統一成一個規格是不可能的，因此我便把衣服分成八大類——外套、上衣、襯衫、T恤、褲子、內褲、襪子、領帶。

把內褲和襪子放入抽屜，領帶則全部掛在專用的領帶架上。領帶架，類似的商品種類很多，哪一種才是真正的創始者我並不清楚，不過這種專用的領帶架一個就可以放許多領帶（我一個領帶架就足夠了，全部的領帶都能掛上），需要的領帶很容易地取出，我很推薦使用。

問題從這兒才要開始。

最重要的東西——衣架

從外套到褲子基本上都可以用衣架吊起來，若是有不能

很棒的領帶架，不用擔心領帶放的順序，可直接拿出想要的領帶。

吊的高級衣物或是特殊品（我是沒有），就不適用這裡介紹的方法。

整理衣物最重要的就是衣架。到底自己家裡有多少衣架，我想知道的人應該不多。建議你先猜猜看然後再實際數一數，可能實際上比你所想的還要多。在還未開始實行這種方法之前，我的衣架足足超過50支，而把全部的衣服吊起來則需要更多的衣架（我現在用的衣架超過100支）。

要如何選擇最好的衣架呢？重點就是「同樣的衣架要能夠隨時而且很便宜地取得」，這和使用A4文件或方型2號信封的道理是相同的。那麼，最符合這項條件的是什麼呢？答案就是附近洗衣店的衣架——吊掛送洗的衣服所用最便宜的衣架（部分洗衣店所

使用的鐵絲衣架會變形，所以我沒有採用，而是換成另一家的塑膠衣架）。

大部分的洗衣店統一使用的這種塑膠衣架分三～四種，而衣架的錢已經含在洗衣費裡，於是我就把所有衣架換成這種塑膠衣架。

每次把襯衫送洗回來，我就會把舊衣架丟掉，換成新的衣架。由於與洗衣店交情不錯，他們有時還會送我回收的衣架。於是我的衣架很快地全

我家附近洗衣店用的衣架有三種，從最上面往下依序是大型衣架（男用）、小型衣架（女用，如女裝、裙子、褲子）、方型衣架（襯衫用）。我使用的只有大型和方型兩種，長褲我用方型衣架，其他衣服則全部用大型衣架。

部汰舊換新了。現在我的衣架只有兩種，全部都是來自洗衣店。在實際使用上，普通的上衣沒有問題，而若是比較重的大衣等外套，我就會用兩支衣架來吊衣服，以防止衣服變形。

順便一提，我的西裝和襯衫全部拿去送洗，可能有人會對花錢洗衣服不以為然，不過，特別是襯衫，一般洗衣店洗襯衫的費用比洗其他的衣物便宜，像我家附近是100日圓，若考慮自己洗可能會造成衣物的損傷，還有燙衣服的麻煩、送洗衣物的煥然一新等，對我來說還是送洗比較划算。

整體統一性是重點

我之所以選擇用洗衣店的衣架，並不只是因為方便取得，這是我經過再三考慮衣架的大小、形狀，都要能適合所有的衣服後所做的決定。就某種意義來說，我可以很肯定地說沒有比這更好的了。有時電視購物台等介紹的高性能衣架，或是在Home center看到的創新商品等，或許乍看之下很好用，但是即使你有那些高級衣架10支、20支，不過是你全部衣架中的少數，而且要是有剩或是不夠的時候，你也捨不得丟或是可能買不到。所以，整體統一性是極為重要的。

再說洗衣店的衣架輕薄短小，可以使吊衣桿的收納力最大化，你只要將衣物依照類別把它吊起來掛好，不需要分衣服的樣式或是用途。光這麼做衣服便能排得整整齊齊、井然有序，那種情景甚至會讓你感動莫名。

要是一開始曬T恤等衣物的時候就用這種衣架，那麼連摺衣服都可免了。只要將衣服從曬衣架移到吊衣桿即可，而且由於不摺衣服，衣服也就幾

乎不會有縐痕。

不常穿著的衣服一目瞭然

接下來是介紹「按時間順序排列」的整理方式。這個很簡單，只要將洗好的衣服從右邊（或是左邊）依序掛好就行，要用的時候再將想要的衣服取出即可。

如果是從右邊開始掛起，當然使用頻率較高的衣物會集中在右邊，而少穿的衣服便會被擠到左邊。若是衣服要輪流換著穿以免因常穿而破損，只要可以改從左邊依序拿即可。

不用考慮太多持續如此進行下去的話，過季的衣物很容易就往左邊集中，而且最後幾乎沒在穿的衣服就會被擠到一邊，所以處理多餘的衣物時就可以從左邊開始──這也是一種「超級整理術」喔。

用這種方法根本不需要動任何腦筋，所以像我這種忙碌又懶惰的人也能一直持續用下去。

前面提過的領帶架道理也一樣，不常用的領帶就會被壓在最下方，而常用的就會自動地出現在眼前。

只是把衣架統一便能如此井然有序，令人十分驚訝。

寫到這兒我才發現，仔細一想，其實把衣服最有系統性地分類整理的就是洗衣店。將顧客送來的各類衣服清洗乾淨、保管，然後再還給顧客，這其中便具有效率化的收納、管理衣服技術。

我的方法不過是將他們的工具和方法原封不動地直接搬過來而已──啊，原來是這麼回事。

這種方法是以我這種單身男性的例子，若是女性或是家庭的情況，或許要做一些修改以符合實際情況（如衣服的喜好不同等）。但無論如何，我還是極力建議不要增加衣架的種類。

襪子的問題

前一節曾大略提到「把內褲和襪子放入各個的抽屜即可」，其實這裡面也有我的獨家作法。

最近多虧了那種附有烘乾功能的全自動洗衣機（有人說這種洗衣機會傷衣服，但相較之下它卻讓我們多出了時間，因此也可稱得上是一種聰明的工作術），我可以不用曬內褲和襪子。內褲從洗衣機拿出後直接放入抽屜就好，管它是皺巴巴還是怎樣，只要穿上就好，又不是要給誰看。

但襪子就有問題了，整理襪子需要找齊一雙再用曬衣夾夾住（把二隻襪子放在一起再將其中一隻的開口翻過來包住二隻襪子，這種作法會使襪子的開口部分容易鬆弛，所以我沒採用），這種瑣碎的事情雖然很麻煩但也無可奈何。

所謂的「襪子神經衰弱症」是怎麼回事呢？

每當我從洗衣機拿出襪子要整理時，很多襪子就只剩一隻，慘不忍睹。這些只剩一隻的襪子就會被放入一個籃子裡，等待另一半的歸來（可能是數個月）。「家裡就這麼小，你們這些襪子為什麼還會不見呢！」──再怎麼說也只是白費唇舌。就是因為這樣，所以我才會神經衰弱、也打不起精神來。

一次買15雙相同的襪子

就在這種苦惱和不滿的情緒下，加上很多襪子彈性已經鬆弛，所以我就乾脆一次大採購，買相同的襪子，這樣就不用管另一隻，應該就能很容易找到──這是我的想法。

我買的是無印良品3雙1組的襪子5組，共15雙。如此一來，原本每隻襪子只配另1隻襪子，而現在一下便增加了29隻。

因為舊的襪子會慢慢減少，所以最後留下的也都是相同的襪子，整理襪子就不用想很久（雖然這麼說，要丟掉還能穿的襪子實在很浪費，這個方法我從開始計畫到將所有舊襪子淘汰換新，花了將近一年的時間）。

烘乾完後從洗衣機取出襪

一次買下15雙相同的襪子。

6190兆種的排列組合

這種作法還有另一個好處，那就是若襪子破掉時，根本完全不用管另一隻，破了就丟了。如果襪子樣式各個不同，要是一隻沒了，另一隻就必須丟掉；但襪子若全都相同，就完全不用擔心。以後若又有一隻要淘汰，總數就會變成偶數。不管是哪隻襪子要淘汰，損失都是最小限度。

當然，這種方法並不適合每天都要穿不同襪子、注重打扮的人。若只是分正式和休閒襪子，那麼可以統一選擇兩種款式即可，或是不喜歡無印良品而統一換成更高級的襪子等等。方法有很多種，而我則是無印良品一種就夠了。

也有人主張像石田純一（譯注：日本著名男藝人）不穿襪子，認為這樣才帥。這就某種意義來說或許是更為徹底，但我還沒有把握可以做到那樣。

當我將這種方法告訴別人，有些人把它和愛因斯坦的方式混淆在一起。聽說愛因斯坦覺得為了穿衣服的問題煩惱很浪費時間，所以他有好幾套同樣的西裝和襯衫。

子，想都不用想就可以直接放進抽屜！要拿襪子的時候，只要隨手一伸、抓到兩隻，那就是今天要穿的襪子了──多麼美妙的懶人生活啊！

試過的人就會知道那種神清氣爽、徹底解放的感覺。如此美好的心情到底是什麼呢？以前為什麼每次都要重複那麼麻煩的事呢？

或許有人會覺得15雙太多了，但是像我工作煩忙，不一定每個週末都能洗衣服，15雙襪子也就是可以穿2週的量，有了這些就不用怕了。

當然若是不夠，我會再買一樣的襪子。我買的襪子是無印良品的標準必備款，應該暫時都不會有買不到的問題，不過它的穩定供應仍是我最擔心的事。

不錯，從「不需考慮」這點來看，確實是很相近，不過兩者還是有微妙的差異，我的主張是要「解決兩個一組的產品所產生的組合問題」。

假設有15雙襪子，樣式全都不同，那麼將全部正確排列組合的方式只有一種。但若這些襪子樣式都一樣、也不用分左右，從15雙共30隻襪子當中，隨便取出2隻的排列組合共有435種；而若是將30隻襪子隨意配成2隻一組、共15雙，用高中學過的機率來算應該是：

$$（30×29/2×1）×（28×27/2×1）×（26×25/2×1）×（24×23/2×1）×（22×21/2×1）×……×（2×1/2×1）/（15×14×13×……×1）＝6,190,283,353,629,375$$

也就是可以從6,190兆種這種天文數字般的排列組合中作選擇！從某種意義來說，也就是有那麼多的選擇自由！

我並不是想強詞奪理，這也就是說，若是襪子的顏色、樣式不同，我們便總是要從那麼多種可能的排列組合中篩選出其中一種；而反過來從某種意義來看，只要將襪子統一，就可以從這項煩惱中解脫出來，這不是太棒了嗎！

平常我們根本很少會注意到襪子，每天要是穿同樣的襯衫，可能會被同事投以異樣的眼光，但沒有人會在意你襪子的顏色是不是每天都一樣（至少就我問過的同事等人所知，大家對我的襪子完全沒有興趣，甚至連襪子的顏色也不記得）。

我常想所謂聰明的工作術，應該是有系統地去解決問題的方法，而並非只是努力或是用心而已。若什麼都不用考慮就能自動達成目的，當然最好不過了。所以這裡的目的是要讓衣服能總保持整潔，而為了達到這個目的就要思考如何整理襯衫和找齊襪子。襯衫和襪子的整理方法（似乎應該是說不用整理才對！）正是直接體現我這種想法的一個例子。

不知大家意下如何？

A4尺寸的「團扇」

　　想要有個溫度適中的辦公室環境實在難求，尤其夏季的「體感溫度」（即身體感覺的溫度）差距很大，而且由於節省經費、節能省碳而將冷氣的溫度設定調高，加上原本空氣的流通問題造成辦公室溫度不均，還有男女、個人的差異也會導致體感溫度不同，所以在辦公室就會同時形成汗水淋漓和冷到要蓋毯子的狀況。

　　不過今年可以不用擔心，因為我有準備了「我的團扇」！或許這並不是什麼需要公開宣揚的事情，不過這把扇子並不是不要錢的，而且最特別的是扇子的形狀居然長得像A4（稍微小一點）尺寸的長方形！

　　對我這個什麼都要規格統一的人來說，這把扇子當然是不能錯過的。我把它放在桌上的文件架上跟其他的文件一起擺著使用。

　　一般團扇大都是圓形，所以把它立起來擺很容易倒，頗為麻煩，而且還會比一般文件大，要收起來不太容易。

　　而這個團扇幾乎就是A4的尺寸，所以可以好好地收在桌上的文件架上。另外，由於扇子的手把部分設計成有些斜度，所以立起來放的時候，扇子的手把就會朝向自己，而拿扇子搧的時候，就會感覺到涼涼的風。

　　其實這個扇子的產地——日本香川縣丸龜市，是我戀戀

不捨的家鄉。雖然這種扇子在辦公室用很方便，其實現在許多家庭也常常為東西的擺放場所苦惱，而這種扇子不過是把形狀改成四角型，像這樣加了一點靈巧的創意，將傳統工藝融入現代生活中，這也算是一種進步的趨勢。

四角型 A4 大小的扇子，可以收在文件架上。

《團扇的詢問處》
日本設計創造工房「眼鏡」
TEL/FAX：0422-49-7680
Email：info-megane@tatemono-hiroba.com
http://www.designstudio-megane.com

將工作自動化，省去重覆思考的麻煩

省事
之章

這裡所謂的「省事」與其說是省去動作，倒不如說是省去思考步驟來得更恰當。每次在進行相同作業時，「對於不需要每次重新思考、回想的事情，建立起不用再考慮的方法」。其重點如下：

1.使用一覽表以省卻一一回想的麻煩。
2.使用固定形式的文章寫法或格式，省去每次還要思考同樣的事。
3.經常更新守則。

當碰到重複進行的事或是類似作業頻繁的情況時，若能把應對的方法先規則化、做成範本的型態，事情就會變得很單純。或許有人會認為「省去思考、自動化」是漫不經心地重複同樣的作業，不會進步，但其實並非如此。它是「不需要每次都從頭重新思考」，只要從基礎開始即可。

問題發生時，並不只是要解決該項事件而已，同時應該還要檢討是否需要更新處理方法。這樣就不需要每次都從零開始，不僅能更快、更正確地掌握類似的事情，同時還能摸索出更好的方法。

預先準備存放資料處

預先因為同時要參與許多小型但長期的案子，所以我在文件的管理上，主要是使用前一章介紹過的山根式資料袋檔案系統（用信封袋歸檔），而在實際作業時，我還會在信封袋的正反面貼上空白的工作事項一覽表和時間表。

在開發新產品的作業中，必要的工作事項基本上有某種程度是重疊的，所以我會先把必要的工作事項列出來，做成空白的表格，然後貼在信封袋上。另外，由於將同時進行的個案時間表統整成一個總計畫表時，會過於複雜、不容易看懂，所以我會在信封袋的背面貼上該案的時間表，這樣一看到信封袋就會很清楚。

每當有新的檔案，我就會將資料放入信封袋裡，需要時，在外面貼上工作項目一覽表和時間表，而當工作完成時，再用綠色的螢光筆把欄位塗滿（為什麼用綠色螢光筆且待後述）。把欄位塗色後就能清楚看出還剩哪些工作，而且每次取出各個資料時也能再度確認時間表。重點在於不用拿出裡面的資料便可以知道目前的狀況，只要將案子的信封袋排在桌上就一目瞭然。

總之，重要的是「所有必要的東西都在這信封袋裡」這種感覺會讓你感到安心，而且能馬上知道「還有什麼要做的」、「還有幾天要完成」。老實說，我的記憶力很差，要同時掌握很多案子並不容易，所以先把沒辦法一一記住的事情用這個方法寫下來，之後在作業當中，只要信封袋在手邊我就不怕，變得很輕鬆。

這個方式的好處是不用再去買特別的檔案用品，只要準備貼好工作項目一覽表和時間表的方型2號信封袋即可。若是有需要歸檔的新案子出現，我就會馬上拿出新的信封袋，然後寫上標題（用TEPRA標籤機列印，請參考64頁）。

在PC上整理資料就更容易了，只要將經常要使用的資料夾架構預先做成範本，要用時複製即可。譬如在商品開發時，因為在目錄第一層裡有「企劃」與「原稿」兩個子資

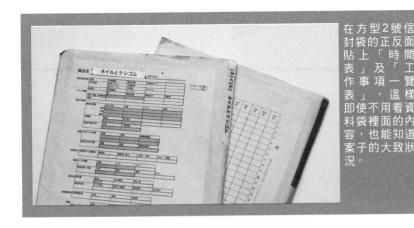

在方型2號信封袋的正反面貼上「時間表」及「工作事項一覽表」，這樣即使不用看資料袋裡面的內容，也能知道案子的大致狀況。

料夾，所以只要直接複製這個資料夾的架構，然後將相關的檔案放入，就不用再一一思考要如何處理。

像這樣先準備好存放資料的地方，就不用逐一思考細節或不知道該如何著手進行，只要機械式地做相同的動作即可。

為了建立工作項目一覽表和電腦資料夾的架構，當然就必須整理工作的內容，準備好必要的範本，所以自然就需要思考格式的問題，並且重新檢討工作的架構。

02 用綠色螢光筆進行校正

「所有狀況都是綠色」

由於我是負責產品的企劃和設計，所以經常要製作或是校正產品目錄、參考資料、產品的包裝、規格書等各種原稿。如果是像內部的討論資料，若是出錯了還可以馬上跟對方致歉並修正即可，而要是對外資料、下單、契約書、大量印刷的目錄或是包裝的一點錯誤，可能就會演變成嚴重的致命傷。最壞的情況有時甚至要全部重印，造成莫大的損失。

原稿的錯誤大部分像是字詞的錯誤、弄錯數字、數字定錯位等等似乎是沒什麼大不了的錯誤，或許有人會想說：「平常業務就已經這麼忙了，

這是一般校正後的原稿。用紅筆修改是一般常用的方式，不過這樣會產生問題。

要做出來的稿子不出錯，根本是強人所難！」

從經驗上來看，其實校正過還會出錯的原因，一半以上是因為「沒看到」。例如，比起項目排列清楚的一覽表，商品包裝、廣告單這種資訊雜亂的東西，校正的錯誤就會明顯偏多。

因為一覽表只要按順序檢查，發生「沒檢查到」的機會比較少；而相對地，若要檢查的項目的順序沒有統一，那麼不僅很難搞清楚檢查到底是從哪裡開始、哪裡結束，就連還剩多少項目還沒檢查也難以得知。

大部分的人是從左上方開始依序檢查，但這其實很危險。因為當人在看全貌時雖然擅長於發現錯誤，但卻容易忽略顏色花俏的文字或是有

趣的單字等，所以要「一絲不漏」地檢查內容混雜的文件並不容易，而校正上的錯誤大部分就是在這些地方發生的「漏失」。

那麼要怎樣檢查才「不會漏失」呢？接下來我將介紹以檢查文字資料為主的有效方法。

1. 首先把彩色原稿複製成黑白色（這樣注意力便能不受顏色的干擾而集中於內容）。
2. 將原稿的文字、數字等內容與參考資料核對，不管從原稿的哪裡開始都可以，只要沒有錯誤便用綠色的螢光筆畫線。
3. 一直畫到所有的文字都畫了線為止。

螢光筆不是綠色的也行，不過若要檢查的內容很多，最後整張紙大部分就會都是螢光，因此若用粉紅色或是黃色，顏色就會過於刺眼，容易使眼睛疲倦，而且最後要找沒有劃線的地方也較困難。

而綠色算是亮度適中、對眼睛比較沒有負擔。像使用在交通號誌燈或儀器類等設備，綠色就是代表「正常、安全」

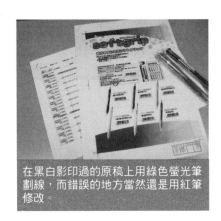

在黑白影印過的原稿上用綠色螢光筆劃線，而錯誤的地方當然還是用紅筆修改。

的顏色。相對於代表「異常、危險」的紅色，綠色常用於表示狀態良好的意思。我會將確實檢查過的正確部分用綠色螢光筆畫上線，若發現錯誤，就用紅筆修改。等整張紙都檢查完，紅色修正處看來就會很明顯。如果全部都畫上綠色線條，「所有狀況都是綠色」就表示OK了。

　　就是因為這樣，所以我的螢光筆用得很兇。這裡我要推薦使用的是直液式墨水補充容易的白金牌萬年筆

「Preppy」。與中綿式的筆相較之下，直液式的墨水書寫順暢、不會斷水，還能更換墨水和筆尖，是寫字用力的人最佳的夥伴。

多一人檢查會更有效率

　　如果容許，機械性檢查的部分再多一人成一組來進行校正，會更能提高正確性。多一個人檢查，就可以減少一覽表讀錯等失誤，還可以有助於發現用螢光筆劃線法也難以找到的「漏失」。冗長的檢查作業十分枯燥乏味，很容易讓人想睡覺、效率變差，但若是多一個人檢查，就能防止這些情形，所以這種方法對數字或規格等機械性檢查的作業很有幫助。

　　如果是文章，最好是由原作者以外的人來做校對比較好。這麼做固然可以防止作者本人的觀點所造成的錯誤，另

筆者所推薦的螢光筆——白金牌萬年筆「Preppy」。

外，由於作者太清楚原稿的內容，以致很容易發生本人認為理所當然之處，但他人卻覺得說明不足的情形，所以由別人來校對便能防止這些情況的發生。這時也可以利用螢光筆劃線的刪除法，建議您可以試試。

03 用綠色螢光筆做最新版本的檢查

負責人只能有一個

綠色螢光筆還有很多其他用處，這裡就再來介紹一些吧。

工作時資料的版本管理很重要，尤其是與估價單、規格書等有關的東西，在最後定案前只要有一點變更，就會產生新的文稿或傳真文件。

若不是用最新版本，就會發生問題，所以基本上舊的版本都要作廢，但有時為了確認變更或是記錄過程，並不會馬上丟掉舊的版本。

用螢光筆劃線便能一目瞭然。

不過，要是不小心用舊的版本做出另外的最新版，這種狀況最糟糕。同時出現多種不同的最新版本，會造成工作上極大的問題。由於負責人只能有一個，其他的就應該「清掉」。

拜IT化之賜，每次細微的修正都可以列印出來，這些文稿的版本雖然不同，但彼此又很相似，乍看之下常讓人搞不清楚哪個才是最新版、是照什麼順序做的。

若要每次看日期才能確認又很浪費時間，聽說「一般的商業人士一年得花上150小時找東西」，「哪個才是最新版」這種和內容完全無關的比較上所花的時間其實相當驚人（若碰到文件沒有日期或是忘了改日期，根本就無從得知哪個才是真的）。

最新版是非常重要的文件，為了避免發生上述情況，

在舊文件的綠線上塗上粉紅色，顏色就會像綠葉變成枯葉一般，變成暗淡的茶色（如圖中下方的第二張紙）。

我便思考有什麼立刻辨識的方法。

在這裡我也是使用綠色螢光筆，當我認為文件OK時，就會用綠色螢光筆在最新版文件紙張的最上端沿著邊緣劃線。這樣就算有很多文件重疊，也能很容易一眼看到綠色的線條。這裡使用綠色主要仍是因為綠色看起來比較舒服，而且影印後也比較不容易看得出來。

綠色線條上塗粉紅色

但是這裡還有一點要注意的，就是「等下一個最新版出來時，它就不是最新版了」。若畫有綠色線條的文件同時有好幾種，最後會搞不清楚哪個是哪個。

這時我除了會在新文件上畫綠線，同時還會在舊文件的綠線上用粉紅色螢光筆塗上顏色。綠色和粉紅色混合之後，就會像綠葉變成枯葉一般，變成暗淡的茶色，如此便可一目暸然這份文件是否為最新版。

一旦線條變成枯葉的顏色就不能再回復原狀，而成為舊版的文件要再變回最新版，也是不通的事。但假設後來的版本不好而要回復原狀，也不是不能再影印然後重新劃線，但其實大部分這種情形並不會發生。

通常我最後只會保留畫有綠線的文件，其他的就作廢，當下立刻判斷舊版本是否丟棄，所以之後也就不會因為沒用的舊文件而造成混亂，而且還能省掉存放的空間。不用煩惱就解決了事情，沒有什麼比這更讓人愉快的了。

重點在灰色

雖然「一定要做的事」必須要明確，但是把「不做也可以的事」標明，這點也很重要，接下來我就來介紹這個方法。

看來似乎很複雜，但其實方法很簡單。只要將固定格式文件的填寫欄位中（例如前面介紹過的工作項目一覽表等）不需要或是不符合的項目，用灰色的螢光筆塗滿即可。這就像PC的畫面上，不需輸入或是不能選擇的項目就會用灰底顯示，讓人不能點擊的情況是一樣的。

這個「灰色」就是重點。如果是塗黑色，那麼會使人感覺過於強制、令人不安（而且還會讓人懷疑裡面可能隱藏了什麼壞事）。而灰色代表的意思並不是一開始就表示「不需要這個欄位」，而是婉轉地表示「原本是有這個項目，不過這次的案子與此並無關係」，這就是用灰色顯示的好處。

不過，灰色的螢光筆並不常見，而畫圖用的酒精類麥克筆等墨水又會滲透到紙背，基本上不適用於筆記本或是文件上。要選就要選顏色柔和的灰色，而且要注意墨水不會沾染到別處。

暗彩色系的螢光筆

這裡我所推薦的是斑馬（ZEBRA）牌的「Mildliner」灰色螢光筆和灰色「紙用Mckee」麥克筆。特別是Mildliner螢光筆，有著絕佳的淡色，令人激賞，譬如要把多餘日期31日的欄位劃掉時，用這種灰色正合適。而紙用Mckee麥克筆乍看之下或許會讓人覺得過粗，不過一用它的筆尖稜角來書寫，就會發現出奇地好寫，能讓人揮灑自如。

Mildliner螢光筆除了灰色以外，還有一般螢光筆少見的暗色系及淡色系，這些暗色而非鮮豔螢光色的螢光筆特別引人注目。如果是商業上的使用，我首先推薦的是暗紅和暗藍色。

暗彩色會蓋掉畫的地方，而相反地淡彩色卻會讓畫的地方清楚地浮現。暗彩色畫的線條會很清楚，但是下面的字就

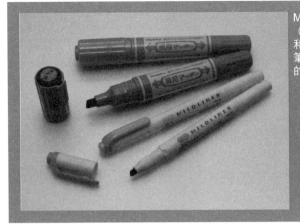

Mildliner螢光筆
（下方的兩支）
和紙用Mckee麥克
筆。兩者都是討喜
的沉穩灰色。

會比較看不清楚；而淡彩色畫的線雖不很明顯，但是字會清楚易讀。如果能靈活運用這兩種色系的話，就能畫出立體感。

像是要劃線刪掉處理完畢的檔案時，我會建議用暗彩色，這樣處理完的案子就不會太醒目，而內容還是可以看得到。也有人是用紅色的色鉛筆去塗，不過這樣畫的地方就會過於明顯，而且下面的字會不清楚。像如果用暗紅色來塗，

既能讓人適度地閱讀內容又能蓋掉它。

其實重要的並不是什麼顏色，而是顏色的明亮度。即使是同一種顏色，若能控制它的明亮度，就能控制信號的強弱度。劃線並不是為了顯示「我很行」、自我陶醉用的。

（Excel軟體的填滿色彩工具，雖然並不是文具，但我強烈希望它也能有這種柔和的色感。）

05 決定屬於自己「紙張的顏色」

黃色紙自用

在我上班的公司裡，影印機旁都會放有色的影印紙。因為是影印要用的，所以紙張的底色都很淺，有黃、綠、藍、粉紅等顏色。這些紙主要是使用於紙箱等的內容物標示，所以都會有一定的存量。

我私底下給自己訂下了使用規則，如下：

- 自己的點子或是企劃的文件用黃色。
- 待辦事項和別人委辦的工作用綠色。
- 給同事或下屬的工作事項用藍色。
- 演講等特殊的工作用粉紅色。

桌上的紙大部分都是白色的，自己的事若是使用有色紙，就算和其他的紙混在一起，也能立刻分辨。不過在影印或是用印表機印東西時，即使是自己要用的，我也不用有色紙。我之所以用它，是為了方便手寫尚待整理的資料底稿。

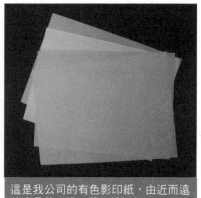

這是我公司的有色影印紙，由近而遠依序是黃、綠、藍、粉紅色。

黃色表示自己的「清醒度」提升了！

在所有紙張中，我用來作為備忘的黃色紙壓倒性地占了多數，黃色紙放在桌上時不但很醒目，而且會覺得自己的「清醒度」好像提升了。還有，每次一用這種紙，就會覺

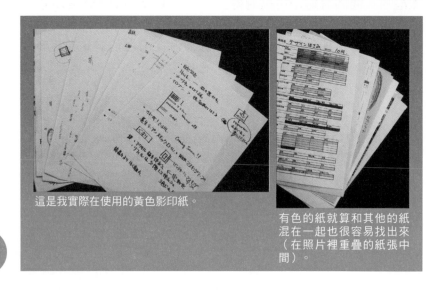

這是我實際在使用的黃色影印紙。

有色的紙就算和其他的紙混在一起也很容易找出來（在照片裡重疊的紙張中間）。

得自己好像切換到「我」的模式。這種紙和藍色或黑色字的對比會很強烈，那種印象會很深刻地印在自己的腦海裡。

我在與顧客談事情時也是用黃色紙書寫，當場整理想法或是談話內容，有時還直接就交給對方，這樣的確能讓對方留下深刻的印象。有的人會覺得用黃色紙有點怪，但我認為這樣很好，可以讓對方印象深刻。最近或許是我身邊的人已經習慣了我的作法，曾有人在我面前一邊翻找手提包，一邊說「黃色的紙呢？黃色的紙呢？我的確有帶……」如此找著我給他的資料。

綠色紙我是用來馬上記錄待辦事項或委辦事項。基本上事情完畢後我就會把它丟掉，所以桌子上只有幾張，很容易找，只是同時進行很多事項，所以一天常常會看到好幾次。

給同事的聯絡事項我是用藍色，主要是為了怕資料到同事那裡後會不見。因為只有我才有在使用這種紙，所以其他的人都知道這是我聯絡事情專用的。

以上就是我對有色紙的運用情形。聽說美國是使用橫格黃色便條紙（Legal pad）記錄備忘或是寫草稿，而正式的文件才用白紙。這和我的想法很類似，只是他們使用的是黃色便條紙，其實都是一樣的。不過，黃色便條紙的大小和A4有些不同，而且它的黃色很鮮艷，格線也較粗、顏色過深，對我不適合，還有紙質大部分也很粗糙，所以我就沒用，更何況影印紙也比較便宜。

自己知道就好

有一點應該要注意的，就是不要一次同時用很多顏色。使用很多顏色只會造成混亂，我建議譬如先只用黃色紙，等習慣這種顏色不同的紙，用途也確定下來後，再用其他的顏色。另外，如果在辦公室裡大家也都開始用有色紙，最後會變成一團混亂，所以秘訣就是——默不作聲，自己知道就好。

使用有色影印紙的公司比較少見，由於它的用處實在很廣，所以如果手邊沒有，不妨自己準備一疊用用看吧。A4的500張1,000日圓以內就能買到，如果要自掏腰包，我也推薦對眼睛比較舒服的綠色。

06 預先準備好Email的內容格式

預先建立格式

一般寫電子郵件時，都會在最後署名處寫上自己的連絡方式，但若是在署名的上方也寫上自己工作上常用的一些郵件格式，先做成各式範本，寫電子郵件時，只要選好署名、填上各個該有項目的內容，就能沒有遺漏地快速寫好Email寄出去。這不光是速度可以很快，它還具有檢查表般的功能，能幫我們檢查是否有漏掉重要的事項，幫助非常大。

當然，郵件軟體若已經有範本功能也行。像我在跟客戶確認洽談內容時所使用的信件格式如下：

```
――――――――――――――――――
〇〇〇（人）：
您好，我是＊＊＊＊＊公司＊＊＊＊總處＊＊＊＊的高畑。

以下是今日洽談的內容記錄，麻煩您確認，謝謝。

【時　　間】
【地　　點】〇〇公司 公司內 會議室
【參加人員】〇〇〇、高畑
――――――――――――――――――
【＊案　　名】

【確認事項】

【作業事項】

【委託事項】

【收取金額】

【提　　供】

【備　　註】
――――――――――――――――――
敬請儘速回覆以利後續作業，失禮之處請多多見諒。
＝＝＝＝＝＝＝＝＝（署名）＝＝＝＝＝＝＝＝＝
＊＊＊＊＊＊＊＊＊＊＊＊＊＊＊＊＊＊＊＊＊＊
＊＊＊＊＊＊＊＊＊＊＊＊＊＊＊＊＊＊＊＊＊＊
＊＊＊＊＊＊＊＊＊＊＊＊＊＊＊＊＊＊＊＊
＊＊＊＊＊＊＊＊＊＊＊＊＊＊＊＊＊＊＊＊
＝＝＝＝＝＝＝＝＝＝＝＝＝＝＝＝＝＝＝＝＝＝
```

若有多項檔案時，只要複製、貼上中間的部分再個別填寫即可。這要說麻煩是有些麻煩，不過總比整個從頭開始寫還要簡單又快。

如果要寫的Email是全新的工作內容，如果能一般化，寫信時就儘可能把它格式化，等信件寄出後再將個別的名詞等部分刪除以建立新的格式。像這樣，我製作了銀行匯款用的格式、拍賣得標時使用的格式等等。

```
————————————————————————
○○○（人）：
您好，我是＊＊＊＊＊＊的買主，有關此次買賣的
相關資料如下供您參考。

---------------------------------------------
【Yahoo!JAPAN ID】：＊＊＊＊＊＊＊
【得標商品名稱】　：
【得標金額】　　　：
【運費】　　　　　：
【匯款金額合計】　：
【郵遞區號】　　　：123-4567
【住址】　　　　　：＊＊縣＊＊市＊＊＊＊町＊＊＊1-23-4
【姓名】　　　　　：高畑正幸
【連絡電話】　　　：03-12345678
【手機】　　　　　：080-1234-5678
【預定匯款帳戶】　：
【預定匯款日期】　：
【希望寄送方式】　：
【備註】　　　　　：
---------------------------------------------
麻煩儘速處裡，非常感謝。
————————————————————————

＝＝＝＝＝＝＝＝＝（署名）＝＝＝＝＝＝＝＝＝＝
＊＊＊＊＊＊＊＊＊＊＊＊＊＊＊＊＊＊＊＊＊
＊＊＊＊＊＊＊＊＊＊＊＊＊＊＊＊＊＊＊＊＊

＊＊＊＊＊＊＊＊＊＊＊＊＊＊＊＊＊＊＊＊＊

＊＊＊＊＊＊＊＊＊＊＊＊＊＊＊＊＊＊＊
＝＝＝＝＝＝＝＝＝＝＝＝＝＝＝＝＝＝＝＝＝
```

總之，像這樣把該有的格式先準備好，而且每次固定的資料也都先寫好，那麼便可以不用怎麼考慮就把信寫好寄出，同時還能減少錯誤。

另外，我也準備了交換名

片後的寒暄信件，當將名片上的資料輸入PC的通訊簿後，我會順便寄一封Email。這不僅會給人有禮貌的印象，同時還能檢查郵件地址是否輸入錯誤。若是收到伺服器轉回來無法送達的錯誤郵件，只要確認地址是否有誤，若是則加以修正即可。

現在只要電子郵件信箱和電話號碼沒弄錯，聯絡上就不會有問題，不過電子郵件信箱的輸入錯誤總是在所難免，所以在交換名片後先寄一封禮貌性的信函，便能防止這種錯誤發生。

04 活用電腦的快速鍵輸入

把常用的語句設成快速鍵

在PC上寫電子郵件時，可以把常用的詞彙先設為快速鍵，小小的動作就有大大的用處，我推薦大家用用看。我的作法是用日語切換軟體（我是用ATOK日語輸入系統）的字典登錄功能，將常使用的片語先登錄起來。而比較長的語句也可以登錄，所以若能先將各種句型預先登錄，就會很方便。例如：

```
敬啟 ＞ 先生／小姐：您好，我是＊＊＊＊＊公司企劃開發總處＊＊＊的高畑。
你好 ＞ ○○，您好，我是＊＊＊＊高畑。
麻煩 ＞ 麻煩您了，謝謝。
百忙 ＞ 百忙之中打擾您非常抱歉，麻煩您了。
請速 ＞ 急件請速處理，謝謝。
敬速 ＞ 敬請儘速處理，失禮之處請多多見諒。
討確 ＞ 討論內容的確認
公司名 ＞ 東京都台東區＊＊＊＊＊＊＊＊＊＊＊＊＊文具（股）公司
公司名 ＞ ＊＊＊＊＊文具
高畑 ＞ 高畑正幸
高畑 ＞ ＊＊＊＊＊＊＊＠＊＊＊＊＊＊＊.jp
```

像住址、電話、公司職稱等這種常常要輸入很多遍的詞彙，就可以預先登錄。

不過若做得太過頭也不行。設定快速鍵的要點是要能馬上想得起來、很難忘記，還有儘可能不要設定一般名詞。這兩點都是當然的，但若是太

別出心裁，等要使用時才覺得奇怪「為什麼會登錄這個」，造成使用效率上根本就沒有比較快，而且裡面若是有經常要使用的辭彙，在切換詞彙時就會非常麻煩。譬如把公司地址設成「公司」就很不好，因為只要每次文中出現「公司」這個辭彙，切換時就必須選擇。幾年前日本曾流行「あけおめ」（譯注：主要是日本年輕人間信件往來恭賀新年「あけましておめでとうございます」的簡稱）的用語，像這種程度的省略就很方便。

　　快速鍵越多，工作確認用的電子郵件等郵件除了對方的姓名和本身必須傳達的內容外，大部分甚至就能用快速鍵完成。像是：

> ＜對方的姓名＞您好
> ＜連絡事項＞
> 百忙
> 敬速

> ＜同事的姓名＞你好
> ＜連絡事項＞麻煩

　　我公開這些作法，或許有的人會認為太偷工減料，不過收信的人其實根本看不到背後的快速鍵。只要把這些快速鍵適當地組合，就能建立電子郵件的範本，而且還能減少住址等常用項目的錯誤。最重要的是可以迅速地把信寄出去，所以將內容以外的常用詞句快速地設定完成，這樣便能將精神集中在思考內容上。

08 預先準備好常用的資料夾架構

只需要複製空的資料夾

　　雖然電腦檔案的管理也是採用山根式，亦即是把檔案放入與信封同樣命名方式的資料夾內，但若是工作的流程或是需要的文件在某種程度上是固定的話，那麼只要先準備好內含必要子資料夾的範本資料夾，就不用每次有新檔案時還要思考該存放的位置，或是建立新的子資料夾。這種作法不僅簡單，而且以後尋找資料也會很方便。

　　譬如可以先準備如下頁的空白資料夾架構，每當新的案子開始時（建立資料的紙本信封袋），就在電腦中複製這個資料夾，然後把資料夾名稱換

成案子的名稱。之後只要將作業中所產生的文件放入，工作上就很容易查詢，而且和別人共享資料或是承辦工作都會很輕鬆。

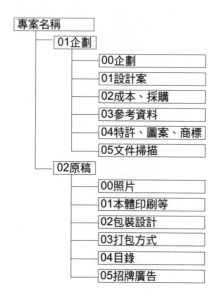

令人意想不到的愛車利用法

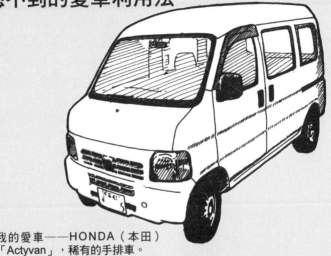

我的愛車——HONDA（本田）
「Actyvan」，稀有的手排車。

我的愛車是本田的小型廂型車，是我用比電腦還便宜的價格（含稅等全計）買到的中古車。這台車除了用來代步之外，另外還有別的用途，那就是：

①丟棄大型垃圾

最近我發現東西太多了，深怕這樣下去不行，所以做了好幾次的大掃除，但是對我這種住在小公寓的人來説實在是很辛苦。

因為，要丟掉的東西暫時可以放哪兒讓我很傷腦筋，連工作的空間也被這些不要的東西給佔滿了。這時，也就是愛車大顯身手的時候了——我將廢棄物或是家裡不想要的東西先放在愛車後車廂裡。

因為無法一次全部弄完，所以就一點一點花了好幾天的時間把東西先堆在後車廂。

這麼一來，我的房間就變寬敞了，不僅做事效率提高，房間整齊清潔，而且令人充滿衝勁。

等車子的後車廂裝滿廢棄物時，我就會找附近便利屋（譯注：近來在日本漸漸普及的一種行業，只要是需要有人代勞的事務，不管大大小小瑣

碎雜事，皆可提供服務）的人，打開後車門，對他說：「這裡面的東西拜託幫我全部丟掉！」這樣就OK了。既不需要把人招呼到屋子內，指令也很簡單，彼此都高興，只要在東西拿走前請對方估價，日後也不會有費用上的任何糾紛。

②收貨箱

我是那種每天一大早就出門上班、深夜才回到家的人。因此，若是當天有要領取的包裹或物品，我就會讓車子駕駛座旁的鎖保持開啟狀態，然後，告訴送郵件或物品的郵差、快遞人員收件的方法，然後就去上班了。

於是，郵差或送貨的人就會把東西從未上鎖的副駕駛座那一側放入車內，再把車鎖上，這樣當天晚上我便能拿到郵件。而如果是宅急便，我會在車子前方的儀表板上先放一個印章（連續章）。常用我這種方法的是附近的乾洗店，我請他們把洗好的衣服放進車裡。我想那些東西也不是什麼貴重的東西，應該沒有偷的價值吧。

這個方法，我只是將自己已知道其中的風險性告訴對方，拜託對方這麼做，就算對方拒絕也無可厚非。不過經過多次實際的運作後，覺得還真方便呢。

以上兩種方法並不能算是什麼可以推薦的聰明工作術（要效法的人請自行負責），只能算是一種參考罷了。

建立「現在馬上」就可以行動的環境

立即

之

章

想要「以後再整理」的名片、想要「以後再掃描」的文件、想要「以後再看」的資料……大家手邊可能都有這些東西而且堆積如山吧。

本章將要介紹的方法,是「現在馬上」、「立即」就可以做的方法,而不是等「以後」。重點是:

1.為了能立即行動,會先建立有些「奢侈」的完善環境。

2.不是靠自己埋頭苦幹,而是用方法或工具來解決。

每天出現的各種資訊或非做不可的事,已經超過我們的能力範圍,而且這種狀況今後也不會改善,造成「以後再做」的事遙遙無期,即使過了很久也還是不能處理完畢。所以像掃瞄或是整理這種事都要「立即」行動。如果現在不能做,以後就更不可能做了。為了能立即行動,就要把該有的準備全部都預先完成。

看雜誌時就把雜誌給拆了

基本上，雜誌在第一次看的時候，我就同時邊讀邊把它拆下。

雜誌原本是好幾篇不同的內容所集結成的，所以看過後會喜歡、想把它留下來的，大部分也只有幾頁，就算是專題報導，最多也只有30頁左右，至於其他的篇幅不是讀完就結束了，要不然就是看看就算了，文章內容根本就沒有細讀的頁面即占了大半。

與其如此，還不如第一次看的時候就把喜歡的頁面拆下，讓雜誌「減肥」，光這麼做就能讓收藏空間大減，而且

以後若是想到要找某個特定的報導內容，就可以很快把它找出來。

這個「拆雜誌」的動作若不是第一次看雜誌時就做，那麼最後已經看過而未整理的雜誌就會越堆越多，不但雜誌所佔的空間不小，而且可能也不會再把這些雜誌拿出來看，更遑論整理。

或許有人會認為馬上把雜誌給拆了實在是捨不得，但是請好好回想看看，很多雜誌最後越堆越多，根本不會再讀第二次，然後就把它給打包丟了，不是嗎？

與前者相比，若是邊讀邊

放在PC旁的掃瞄器保持待機狀態，隨時可用。

把雜誌給拆解，就算沒時間處理而只是把拆下來的雜誌先用訂書機固定，情況也都會比堆在家裡要好。這樣一來，雜誌的體積應該就會減少到十分之一，因為已經是摘要版，所以找想要的資訊或是有興趣的資訊，就不必找得太辛苦。

讓掃瞄器處於待機狀態

這時我會順便把它掃描下來，這件事也是最好「立即」做。想要掃描的東西一旦越來越多，很快地就會懶得整理了，所以我在家裡和公司都會把文件掃描器（詳見131頁）設定在連接PC的待機狀態。

拆下來的雜誌就直接放在掃瞄器上，然後按下開關，立即就數據化了。像我是設定直接連到Mac「Aperture」的照片整理軟體（※），所以掃描後再填上雜誌名稱和出刊日期便完成了。這樣就算把紙丟了也可以隨時把電子檔叫出來參考。

若是還不到需要掃描的程度，或是放入PC就無法利用的情況時，那我建議用「統一」章介紹過的多孔打孔機打洞，然後把它整理成30孔的檔案。厚厚的一本檔案，是從數十本的雜誌中所篩選出來的，這樣做出來的摘要版，不用太費力就可以完成。

由於這本手工製作的雜誌是依自己的興趣所篩選出來的，所以以後即使只是隨便重新翻閱，還是有許多值得參考處，而且就算是有「那篇報導的確是在哪裡看過……」情形，在拆下來的雜誌部分，要把它找出來也非常容易，更何況它還不佔空間。

為了能這麼做，重要的就是要把掃描器和打孔機先放在手邊，保持開機的備用狀態以便隨時可用。

很多人若是沒有實體的東西就會感到不安，我以前也是如此，不過等掃瞄了多達數萬張的資料後，我了解到一件事，那就是最後不管是電子檔還是紙本資料，大部分都不會再看第二次。實際上會用到的都是容易檢索、能馬上找出來的資料。就算有紙本，但如果同時也有電子檔，我就會使用後者。像買來就直接原封不動地整齊地堆著的雜誌，只是求個「安心」，實際上卻是無法活用的東西（**結果根本無法安心！**）。

※我雖然已從 Mac「iPhoto」軟體升級到「Aperture」，不過 iPhoto 還是比較普及，而且其功能並不遜色，所以往後的章節我還是以 iPhoto 為例。

「15秒內」可以使用的機器才會用

「TEPRA」標籤機（日本King Jim公司製）很令人意外地，也是一種使用門檻很高的用具。

這怎麼說呢？因為標籤機是「偶爾」才會想要使用的用具。在日本，大部分的人應該都已經知道「TEPRA」標籤貼紙的精美和方便性。

不過，已經有「TEPRA」的人或是辦公室有這種機器的人，請回想一下，各位實際上是不是和我差不多——根本很少用它？

在日常的業務中，即使想要用一些標籤，但若是從開始用到列印出來還要花三分鐘，除非有特殊的情況，否則我是不用的。

如果是要給別人看的文件或是剛好大掃除那就沒話說，不然若只是整理自己的檔案，要我從櫃子裡拿出「TEPRA」標籤機，然後把電源供應器插入插座，再開啟機器、輸入文字、再切換……很抱歉，我絕不做這種事。

在公司裡，標籤機若是由總務或其他的部門管理，那最累了。要用就還要特別去總務那兒申請借出，在借出登記簿上簽名後再借出……哪有那麼多的時間哪！

「如果有時間就會用」，但實際上是「不可能」的。就算公司裡有這種用具，若是讓人覺得很麻煩，那就沒有人會去用。

這樣便白白糟蹋了難得的高性能機器。畢竟這種東西若不是經常在手邊、在15秒內就能做好標籤貼紙，那麼在「實際作戰」上根本不能用。不過反過來說，標籤貼紙若真能在15秒內做好，那就代表它「確實」可用。

完美的標籤貼紙

我所使用的標籤機是連接電腦的「TEPRA PRO SR3700P」，我把它放在PC主機旁邊，保持與電腦經常連線的狀態。SR3700P是USB連接專用的標籤機，並沒有鍵盤。列印時，只要啟動PC端的專用應用程式，然後輸入文字再

按下列印按鈕即可。

　列印好的標籤貼紙會自動裁切好然後掉出來，總之速度很快，這種精美又耐用的標籤貼紙在日本很多人都知道，無論要多少標籤，這種標籤機就可以馬上做出所需要的量，實在沒有理由不用它。

　像是整理檔案時、拿到樣品時、PC相關機器的佈線時，要用標籤貼紙的時候，只要啟動應用程式、輸入內容，再按下列印的按鈕即可。雖然應用程式的啟動有點慢，讓人不是很滿意，不過SR3700P已經比舊機種好多了，光是把舊機種從櫃子裡拿出來再插入電源所花的時間，這一台就可

以把標籤印好了。而且在文字輸入的速度上，不用很辛苦地看小小的液晶螢幕，像浣熊那樣彎著背、一點一點地敲入文字。

　它可以像平常在寫電子郵件一樣，用使用慣了的鍵盤很輕鬆地以數十倍的速度打字。雖然它可以製作漂亮的標籤貼紙以及印製外國字等，但這些功能都還是比不上輸入速度的重要性。

　如果你是商業人士，桌子上有一本字典大小的空間，我建議可以放一台SR3700P。

　把這台機器連接到自己的桌上型電腦，然後維持在待機

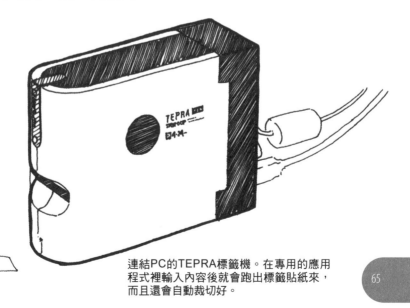

連結PC的TEPRA標籤機。在專用的應用程式裡輸入內容後就會跑出標籤貼紙來，而且還會自動裁切好。

的狀態。如果是筆記型電腦，就把這台機器和掃瞄器等其他的機器一起插入USB集線器，然後讓它維持在待機狀態，到時只要把集中在集線器的一個連接器插入筆記本電腦，就能把它變成馬上可用的狀態（不需一一思考）。不管是用於要給別人看的東西，還是自己東西的整理上，這種漂亮又耐用的標籤貼紙真的是零缺點。

這裡順便來談談有關標籤貼紙的選定，TEPRA標籤貼紙有非常多的顏色、寬度、種類可供選擇，不過最好還是儘可能挑選自己常用的，集中在其中幾個種類。如果沒有特殊的原因，就用基本的一種就好。這樣想做標籤時就不用換標籤紙，只要敲敲鍵盤就可以。

使用頻率低的用具其實可分為兩種，一種是「需要用的狀態原本發生的頻率就很低的東西」，另一種是「因為程序很麻煩，所以會拿來用的頻率很低的東西」。

只有一時興起才會拼命使用的東西，以及心裡總是想「以後再用吧」但卻不了了之的東西，而標籤機和掃瞄器就屬於後者（就是類似那種「要是有助理的話就會請助理去辦」的工作項目）。

這種東西只要降低它的使用「門檻」（一點點也好），使用的頻率到了某個程度就會暴增。所以當考慮是否要使用「似乎很方便」的用具之際，需要思考的事不光是東西本身，而是還要包括如何使用、怎樣才能很容易馬上可用等，就算多少要增加一些費用，也要把使用的門檻盡量降低，這點是非常重要的。

---

03 準備三個電源供應器

花費高，不過有必要

我個人現在所使用的電腦，是筆記型電腦，和前兩台一樣。因為是個人要用的，並不是要製作很專業的影像作品或是資料分析，所以功能相當足夠，我所需的一切配備都在這一台筆電裡，而且可以隨手帶著走、隨處可用，這是最令人高興的。帶著筆記型電腦，

不管是在家裡，還是咖啡館、坐新幹線時，只要坐下來打開筆電就能做事。

但電源是個問題，由於許多場所並沒有提供電源讓我感到困擾，所以我會先在家裡或是辦公室充好電再出門。

但是，可能在外面只用了一下，電池存量還剩80%就回家了。這時若要充電便要從袋子裡取出充電器，然後插入插座⋯⋯這樣的充電作業實在很麻煩，於是最後就疏於充電，結果在外面常常就是為了少那20%而懊悔不已。

所以我都會先把電源供應器固定插在家裡使用筆電的桌子插座上。需要時只要把筆記型電腦往桌上一放，不用另外做什麼便能馬上開始充電。

此外，外出要使用電源時（在外面做產品介紹或是開會等），或是在有提供電源的咖啡館這種「電力供應站」，久坐時、出差時都需要電源供應器。

這時如果是把自己家裡的電源供應器一一拔下來會很麻煩，因此我會另外再準備一個可以馬上帶出去用的（外出用電源供應器）。所以我若是以家裡和辦公室為「基地」，電源供應器合計便需要三個。

本來要是把一個電源供應器和筆記型電腦一起帶著走，要用時只要勤快地插拔電源供應器便行了，根本不必多花錢──而且還是不小的花費。但是對我這種很懶又很依賴電腦的人來說，三個電源供應器卻是必要的。這就和標籤機的情況一樣，就是有需要的話再怎麼樣也要想辦法達成。

每次同一家公司的系列電腦（我用的是MacBook）出現新機種時，有時舊的電源供應器還能繼續用，於是我的電源供應器數目便增加起來（但偶爾規格也會改變）。

Mac專用的比較貴，而Windows機種也有副廠製的比較便宜，所以請考慮看看吧。如果你現在電源供應器只有一個，那就暫且再買一個，一個放在家裡用，而另一個放包包裡或是辦公室用，這樣回家後例行的充電就會很輕鬆。

裡面只裝了「一張A4紙」

我想「立即」最有用的還是記事本。有人說,會忘記的事就表示不重要,不過至少像我的話,就有好幾次一下子就把很重要的事給全忘了的慘痛經驗。對我這種記憶力不怎麼樣的人來說,隨身攜帶記事本和筆就很重要。

要記事情時只要有紙和筆即可,好歹能將就一下。若臨

「口袋型便條記事本」,皮革製的外皮,超薄的記事本。A7的尺寸,整體構造非常簡單。

記事本裡面裝的紙只是一張折成8小頁、十分普通的A4影印紙,正反面加起來共有16小頁可用。

時要用,我並不需拘於什麼種類,不過我推薦abrAsus牌的「口袋型便條記事本」。

它最大的特點就是不使用專用的便條紙,而是把A4的影印紙張折三次、折成八小頁的尺寸即可裝入。

這種紙任何辦公室都有,幾乎取之不盡。這種記事本裡雖然只能裝一張A4紙,但是正面有八小頁,背面也有八小頁,就一天使用的量來說,做備忘是綽綽有餘(不是做筆記)。而把它整個攤開,也可以當A4尺寸使用。

便條紙最重要的就是要再去重新翻閱。當天就要檢查,不需要的就直接丟棄;還要的資料,不是把它謄寫下來就是直接掃描(或是裝訂到A4的檔案裡)。若是A4八分之一

打開就變成原來的A4,等全部寫完,可以一次掃描16小頁。圖上所看到的是掃描後的單面8小頁。

大小，用手機照相機把它照起來也足夠判讀。

這種「口袋型便條記事本」與普通記事本相比，特別是好在不用常常攜帶舊的資料，以及有需要的話就把它掃瞄起來的這些想法。每天檢查，舊的紙就丟掉，一打開就是新的紙。

因為是特別記下來的備忘，若是把記事本一直就這樣放在口袋裡，那就失去備忘的意義了。這種「口袋型便條記事本」或許會讓人覺得有點多餘，但我覺得在換紙的時候就會再重新看一次，這點是有其意義的。

順便補充一下，公司的早會正好適合用來練習記備忘。

因為同事也有聽相同的內容，所以就算自己沒記下問題也不大，而且做筆記本身基本上會給別人好的印象。總之，不妨每天把它拿出來練習看看。

方便「立刻記錄」的隨身文具

記備忘的筆雖然是「口袋型便條記事本」的附屬品，但就機動性來說，為了避免沒帶「口袋型便條記事本」時不受影響，我會把筆和一些小工具掛在褲腰皮帶的鑰匙鍊上隨身攜帶。

夏季時我常常上半身只會穿一件T恤，但絕不會不穿褲子。這些東西裡面最主要的是絕不能忘了帶的家中鑰匙，其

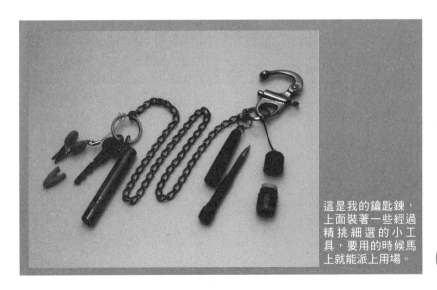

這是我的鑰匙鍊，上面裝著一些經過精挑細選的小工具，要用的時候馬上就能派上用場。

他基本的裝備包括筆、小手電筒、小的姓名連續章和迷你剪刀。每個都是需要的時候就可以馬上拿到。

首先是家裡的鑰匙，不管怎樣這是一定要的，「不小心弄丟了」可是絕對不行。

第二個重要的是筆。

紙的話，沒有紙的時候至少也可以寫在發票的背面、手心或是其他的東西替代一下，但要是沒有筆就糟糕了，所以我身上經常會帶著ZEBRA斑馬牌的「penpod」便利原子筆。它的筆蓋端附有吊環，使用時只要將筆身拔出即可寫字。而且攜帶時整支筆很短，但一取出筆，筆身就會彈出、伸長成適當的長度，所以很容易使用，兼顧了書寫的容易度和攜帶性，設計實在是很巧妙。

再來是小手電筒。像工作到很晚、停電、在黑暗處掉了東西、調整桌子下的電腦線等等，總是有需要光亮的時候。當身陷黑暗中，手邊的燈光會帶來莫大的安全感。

小的姓名連續章雖不是必要品，但有的話就會很方便。

像我在領包裹、貨物的時候就經常會使用到。雖然外型很小，不過印章字的大小和一般用的印章差不多，真是方便極了。

還有迷你剪刀。我用的是長谷川刀具的CANARY迷你剪刀。雖然東西很小，刀也很短，但是有了它結果完全不同。像是剪開袋子或是剪斷衣服標籤上的線等等，馬上就可以用到，非常方便，這是我第二種常用的東西（次於筆）。

有時我還會忘了手機放哪兒，但這些鑰匙鍊上的東西絕對不會不見。尤其是裡面有筆很重要，有了筆，就能記下重要的事。

傳說許多大事業就是從寫在杯墊或是紙巾上的備忘開始的，但當時要是沒有帶筆的話，就很難說了，不過，傳說也可能只是傳說。

紙墊或是筷子的包裝袋，什麼紙都可以，但是筆我想還是經常帶著比較好。當然，若是「口袋型便條記事本」裡夾有A4影印紙，那就太完美了。

最佳的記事本尚未出現

前一節談的是簡單備忘的一些方法，但是市售品還是有很多令人煩惱的問題。日本每年一到十月左右，各家雜誌都會刊出記事本和手帳的特集，讓大家一窺各界「成功人士」所用的手帳和記事本，另外還登滿各式廠商最新產品的資訊。聽說尤其是商業雜誌，這本「手帳專集」就是全年度銷售最佳的一期。

為什麼會這樣呢？答案其實很簡單，因為「雖然有成功人士的現身說法，但最好的設計卻沒有一定的答案」。

每年雖然有數百種記事本和手帳陳列在店面裡，但是決定性的產品卻不存在。「減肥專集」、「整理、收納術專集」的情況也是如此，即便這些主題每年都被拿出來大加探討一番，但仍未出現決定性的答案。

為什麼沒有答案呢？原因也很簡單。因為需要記錄的事情、管理的對象，還有使用的時間會因人而異，而雜誌上所報導的「成功人士」的作法，不一定就適合自己。

（備忘、記事本、手帳這些詞彙一般人都是隨意地自由使用，若以我個人的使用方式來區分，則分別定義如下，備忘是幫助暫時記憶用的；記事本是幫助長期記憶用的；而手帳是幫助管理用的。時間表或是參考資訊之類的主要是放在手帳裡使用，當然另外市售也有多功能的記事本。）

訂作手帳

我每年也會買很多手帳來用用看，但得到的只是一次次的失望，老實說直到現在，我還在摸索當中。我試過各種方法，對市售產品並不滿意，所以最後我決定去訂作自己專用的手帳。

我的問題是什麼呢？基本上我雖然統一使用A4，但主要的記事本卻是採用聖經本尺寸的活頁記事本，結果就像前面「統一」章所說的，夾在記事本裡的A4夾頁不得不在突出的狀態下使用（見25頁），用到後來就會變得皺巴巴的。另外，還有備忘的問題，就

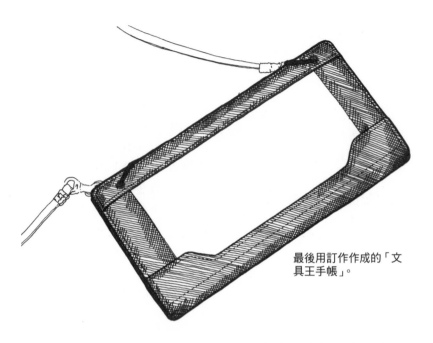

最後用訂作作成的「文具王手帳」。

「立即記下來」這點來說，「口袋型便條記事本」的機動性是比一般的活頁記事本好得多，但是若要攜帶的話，我想最好還是把它組合成一本。

我就這麼持續苦惱多年，結果最後是用訂作的。實際上我也曾找過完全量身訂作的專門店估價，只是當我把所有想法細節告訴他們後，雖然不過是個記事本，但是價格竟然比筆記型電腦還貴，實在叫人不知如何是好。還好後來得到擁有「口袋型便條記事本」abrAsus商標權的Valueinnovation公司的傾助，

幫我實驗性地製作出了想要的手帳。

文具王手帳

這個手帳的基本構造是以前面「統一」章中說明過的記事本為藍本，內頁是聖經本的尺寸，但記事本封皮的長度加大成能夠裝入A4寬度210mm的長度，這樣便能插入「超整理手帳」的袋鼠式資料夾而不用把它剪短，放入折成四折的A4資料就不會露出手帳（當然也能插入「超整理手帳」來使用）。

另外考慮到「馬上」記

錄備忘的需要，手帳的外側裝了便條紙。在寫字時，一般是先打開手帳，然後翻到空白頁（或是今天的頁面），一手拿著而另一手寫，尤其是站著寫的時候，要邊寫邊托住，本子不容易拿穩，很難寫字。有時分心翻找可寫的頁面時，剛才想到的事情便一下忘記了。

因此我在手帳外側的一面設計了可以穩定放紙（聖經本尺寸記事本的內頁或是折成四折的A4紙皆可）的地方，這樣匆忙要寫的時候就可以不用打開本子直接寫了。手帳的寬度剛好是一手可以拿住的大小，所以可以好好地在上面寫

字。在這種手帳上寫字比想像的還要容易得多，而且機動性高，也可以把寫完的紙直接放入手帳裡，讓人感覺很便利。

另外還有許多特別的設計，包括可以加裝吊帶，像參加展示會或是出差，人在移動時，即使兩手拿著東西也不用傷腦筋；還有聖經本內頁上方多餘的空間設計了一個可裝小東西的小袋子，裡面可放便條紙、記憶卡等小東西；而且手帳封皮有一面是魔鬼粘的設計，可以貼上各種小工具（詳後述「整理」之章）。

目前，這個手帳由日本的Valueinnovation公司（http://

可以同時容納聖經版尺寸（左側）和折成四折的A4紙（右側）的寬度和長度。

裡面也裝有「超整理手帳」記事本的袋鼠式資料夾，方便閱覽A4的資料。

vik.jp）販售，有興趣的人請洽詢該公司。當然這手帳也是配合「我的需要」做出來的，並不能保證誰用都很適合，若市面上沒有您所需要的東西，不妨把它加以改造，或是在使用方法上花些心思，使手帳能適合自己，這是很重要的。

這個手帳是我在偶然間以訂作的專業方式製作出來的，若是沒有改造手帳（如「統一」章介紹過的）多年的經驗是無法做出來的。自己設計可以做自己想要的東西，而且還可以享受文具所帶來的樂趣。若市面上沒有自己想要的東西，希望您一定要想想看是否可以親自動手設計。

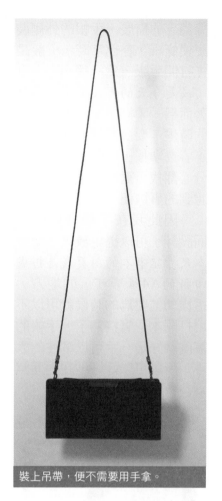

有關文具王手帳的銷售資訊，請參考網頁「Superclassic」。
http://superclassic.jp/

裝上吊帶，便不需要用手拿。

一面是裝便條紙，不用打開手帳便能馬上寫備忘。

另一面是魔鬼粘，可以貼上各種小工具（詳後述「整理」之章）。

文具王的「道具箱」

就像這章曾多次提過的要點,當想要用工具時就能馬上拿得出來,使用頻率就會變高,便利性就會增加。

像是出差或是外出要做個事情時,本來在辦公桌旁就可以迅速處理的事,這時可能會因手邊沒有訂書機或是修正帶可用,就不得不讓事情停頓下來而只能乾著急。

除了前面介紹過的鑰匙鍊之外,我的袋子裡還放有隨時可拿出來用的「道具箱」。當然這和小學時用的東西差很多,在小袋子裡,裝有以下的東西(見P76圖):

- 橡皮擦 MONO one橡皮擦(TOMBOW蜻蜓牌)
  它是小型旋轉式的橡皮擦,外型方便攜帶。若有用自動鉛筆我就會一起帶著。
- 修正帶 WHIPER PETIT修正帶(PLUS Stationery)
  雖小卻很實用,桌上有一個這個便足夠。
- 剪刀 PENCUT筆型剪刀(Raymay藤井)

這是一種把手部分可以收起來的筆型剪刀,既維持了刀刃的長度,收納性又十分出眾。

- 雙面膠 DOTLINER小型滾輪雙面膠(KOKUYO)
  體積小得出奇,漂亮的外型讓人驚豔。
- 訂書機 ABS攜帶式訂書機(無印良品)
  把它折好收起來時,比一般打火機還小,不過裡面可以放一排50支的訂書針,實用性綽綽有餘。
- 捲尺 C L迷你捲尺(MIDORI)
  捲尺小巧柔軟、方便性超群,測量的長度可達1.5公尺,工作上有需要用到的人,有了它會非常方便。
- 便條紙 Post-it Flags便利貼標籤紙(住友3M)
  紙薄張數多,在書上或是資料做記號時不可欠缺。
- 其他還有記事本的補充內頁、尺以及筆等等。

雖然這些小型文具比一般的文具小得多,但不只是外型迷你而已,它們每個製作都非

雖然是迷你文具組合，但功能綽綽有餘、非常實用。

常精良，並不損及實用性。只要把這些小東西放入鉛筆盒或是小袋子裡，就可以作為最小的實用文具工具箱，到哪都可以做事。

尤其是小型的摺疊式訂書機和雙面膠，會帶的人不多，其實不只是整理文件時可用，另外像交換名片的時，若還拿到資料或是小冊子，就可以把這些東西和名片釘（黏）在一起；或是把便條紙釘（黏）在

記事本裡等等，都非常方便。

雖然我在此所舉出的品項並不見得完全適合您，但若能先預想「自己想要使用的文具中，既有實用性、體積又最小的東西」，就會很方便。

如果願意多花心思，常常就可以發現很方便的小東西。不只是在文具賣場，像旅行或是運動用品賣場等也都可以找一找。

07 把 A3 紙貼在桌上

桌上的A3便條紙

因為我是辦公室工作者，所以基本上平常常在辦公桌上處理事情。在辦公室裡，常常

會被突然來的電話或是同事、其它部門的人打斷，當然大部分都是工作上的事。像突然來了個電話，我就會先在桌上某個地方把事情記下來，等手邊

像這樣直接把事情備忘記在桌上的A3紙上就絕對不會忘記。

的事情結束後再馬上去處理。

但是這時找紙記事情會把手邊可能的事忘記，或是雖記下來可是竟然後來卻找不到，這些都曾發生過。

為了避免這些狀況，我在馬上拿得到的地方準備了便條紙，不過我又想，若是能準備一個最適當的地方，既能方便記下事情又絕對不會不見，這樣就會更方便。而對我來說，那個地方就是桌子上──直接在桌上寫。

我的具體作法是把桌上的桌墊換成A3紙，然後再用膠帶把紙的四邊貼住。雖然僅僅如此，但這樣便能在桌上任何地方都可以記事情。案子完成後或是把它另外轉記謄寫後，我就會在上面打個「×」銷掉。

畢竟這只不過是暫時書寫的地方，根本不需在意什麼形式。紙若是髒了或是沒地方寫，我就換一張新的，大概半個月到一個月換一次。

方便拍攝商品的文具

「Pritt百變貼」
的包裝袋

我雖然對攝影很外行，但為了工作上或是部落格的需要，常常要拍攝文具等東西。雖然説照片並不是外行人一下就能做到專業的程度，不過還好我拍攝的東西都比較小，不用擔心有什麼沒照到，但為了掌握應有的拍攝技巧，我還是常在練習。

如果是像我一樣以小物件攝影為主，選擇數位照相機的重點便在於微距攝影（Macro Photography）的功能。我當初買的時候，跑了好幾次家電量販店，把自己的SD記憶卡插入照相機，近距離試拍帶去的文具和手錶等東西。那時比較的不只是最短攝影距離的數字，還有照片的效果。

這裡我想介紹兩個我「最愛的文具」給您。

一個是Maruman的Mnemosyne A4筆記本。當然用來做筆記本非常方便，我也是愛用者，但另外拿來作為攝影時的簡易背景也非常適合。Mnemosyne筆記本的封皮是黑色

PP材質，正面雖然印有商品的標誌，但若是把封皮翻開，裡面是較為黯沉的霧面黑色，用它拍照可以不用擔心會把標誌也給拍了進去。而且封皮內頁因為是在裡面，所以不容易受損。

封底則是牛皮紙板，翻開內頁也可以做為攝影時的背景。裡面的紙我選的是5mm小方格，也可以作為攝影時白色的背景，而且方便比較拍攝物的大小。由於是硬皮式雙環筆記本，所以不管放在任何平面，都可以作為平穩的攝影平台。

而另一個要介紹的是KOKUYO的「Pritt百變貼」，這是一種像素描軟橡皮擦的東西，在牆壁上貼海報或是固定東西時都可以用，使用超方便。

譬如，在拍照時，圓筒狀的筆一放到桌子上，筆夾大都

圖中下方中央的白點是百變貼，只要一點點便能把筆固定。

我用的數位相機是小型CANON「IXY DIGITAL 830 IS」，旁邊的盒子裡裝的是「Pritt百變貼」，下面墊的筆記本是「Mnemosyne」筆記本。

會倒向桌面，這時只要拿一點芝麻粒大（真的只要一點點）的百變貼放著，上面再擺上筆，筆就不會轉動而容易拍攝了。百變貼的應用範圍很廣，甚至還可以讓迴紋針站立拍照。

照片的品質並不只決定於照相機的畫素數，包括我在內的業餘攝影師，大部分拍照的問題不是在於相機的性能，而是在於處理背景、固定拍攝物及相機等問題。

這些問題解決後，只要使用相機的近距離攝影模式（閃光燈要關閉）拍攝即可。因為是數位式，可以馬上確認拍攝的結果，所以若不小心照進日光燈等等，那就換個地方拍攝，多花一些心思，一點一點地累積經驗，最後一定能處理得很好。

使用「暫時性的作法」

暫時

之章

在「立即」之章裡，重點在於藉由減少實際的作業，以去除嫌麻煩的心理障礙；而在「暫時」之章裡所要思考的，則是由於有些事情「以後才能確定」故目前無法立即進行。這部分作法的重點是：

1.隨時隨地都可以開始。
2.就算還未完成，事情也能運作。
3.利用「暫時性的作法」自然把東西整理好。
4.隨時都能重來。

對生性膽怯的我來說，要「下決斷」很難。若是果斷地做了決定並且執行固然很好，但有時想要付諸行動，還是會心生猶豫、有所顧慮。我不喜歡「一開始隨便決定，後來又去改它」，寧願「等確定後再好好進行」。
當然，「等確定後再好好進行」有時是可以這麼做，不過先有「暫時性的作法」也不錯，所以若是依「暫時」的原則──隨時隨地都可以開始，而且隨時都可以回復原狀──先採取某種作法，狀況往往會變得更好，反而「等確定後再好好進行」結果卻變成沒做也沒差。

想要「立即」做的事很多，不過……

對生性膽怯、思慮較多的我來說，要「下決斷」很難。不光是對那些攸關計畫成敗的重大問題，即使僅是些微不足道的小事，像是買來的新筆記本或是資料夾封皮要寫標題之類的事，常常也是要考慮良久，而結果什麼也沒做，於是就這樣一直用著資料夾上沒有標題的信封。

像我這種連自己決定好的事也會忘記的人，「藥要放這個抽屜」雖然原本是這麼想，不過最後等我發現，裡面不知為什麼放的竟變成橡皮圈和迴紋針。所以對於「先暫時這樣好了」的事，我還是需要把它寫下來。

或許有人會覺得「立即」直接寫在標籤上不就好了嗎？在前面「立即」之章所解決的問題是側重於嫌麻煩的心理層面，但此處不想在資料夾的封皮上直接書寫，則又是一種心理因素。對於新的筆記本或是檔案，有時我會想「先讓我好好地想想要取什麼名字，然後再附上統一的編號、印在漂亮的標籤後再好好地貼好」、「若是在抽屜上隨便貼上標籤的話，再來就不能改了」這類小事，結果沒有標籤的東西變得越來越多，最後造成使用困難。

易撕的標籤貼紙正合用

其實冷靜思考，先不管最後決定如何，只要在現狀可以接受的範圍內先做標籤，在使用上就會很方便。不過知道歸知道，我終究還是下不了手，原因就是出在「不能直接寫在標籤上」這個微妙的麻煩問題。

因此，我常用的是「易撕」的標籤貼紙，就因為它能很容易地撕下來，所以才用它來貼，這點非常重要。如果總是想「等什麼時候再來貼上漂亮的標籤吧」，那麼沒有標籤的檔案、光碟就會越積越多；而標籤若是可以撕，那就可以先暫時貼上，「等確定好以後」再換就可以了。

首先，先使用「暫時」性的作法，預留可以重做的

「退路」。然後再從運用這些「暫時」的作法中，思考能讓日常生活變得更好的方法。當然，如果最後的形態已經「確定」，那再改過去就好，因為這只是暫時的狀態，隨時都能重做。

這種情形給人的安全感，就是為了讓人能暫時先踏出第一步的一項重要機制，若能如此，我們的日常生活便能得到極大的改善。

經過近二十年的嘗試錯誤，我試了許多「暫時」的作法，結果發現身邊很多「暫時」的作法的確一直延用下來。蠻幸運的，這些方法用起來都還不錯。

02 辨識充電電池是否已充電的方法

在電池上貼紙膠帶

對行動派的人來說，電池可說是最大的煩惱之一，我也常常擔心電池存量會不足，要是在外面數位相機或筆電沒電，那就完了。一旦沒電，機器的性能再高也沒用，它只會變成不過是一個笨重的東西。而且電池到底能用多久，事先根本完全不會知道。

充電電池也是如此，是否充過電從外觀根本無法區別。你是不是有過下面這類經驗：準備了預備電池，結果要換電池時才發現竟然沒電！還有，在家裡搞不清楚哪個電池需要充電，不得已便把全部的電池通通拿去充電。

充電不足固然會讓人困擾，但是不必要的充電也會讓電池的性能變差，所以我不建議別人亂充電。為了解決這個困擾，我採用了一種可以讓人一目瞭然、「確定這個電池已充過電」的方法。

下頁的照片「不殘膠的紙膠帶」（Horse Care Products製），我是愛用者。醒目的黃色膠帶，黏著性佳、易撕但不會任意脫落。當我將充完電的電池從充電器取下時，就會在電池貼上這種膠帶。貼的方式隨意，這樣就算有許多電池混在一起，也能一眼辨識出哪顆電池能用。

將充完電的電池貼上膠帶，在換電池時就不會誤把換下來的空電池混在一起。我特

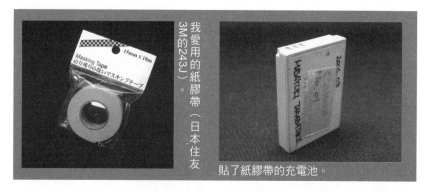

我愛用的紙膠帶（日本住友
3M的243J）。

貼了紙膠帶的充電池。

別推薦數位相機和攝影機的電池使用這種方法，雖然很簡單，但是能獲得極大的安全感，像在出差前忙碌的準備作業或是婚禮中緊湊的攝影場合中，就不用擔心會換錯電池了。

　　放在包包裡的電池常常在運送過程中會滾動，電池上面貼的若是一般的標籤便很容易脫落，而這種黏著性適中又顯眼的黃色紙膠帶最為適合。

　　另外，由於電池會自然放電，也不能大意，所以在新買的預備電池上面，我會先用油性麥克筆寫上購買日期（如果有時間我會用標籤機作標籤），同時依序標上號碼1、2、3，再按順序輪流使用，如此儘可能平均地使用電池，使全部電池的壽命最大化，並且能用到充電狀態良好的電池。當然，偶爾也要檢查少用機器的電池狀況。

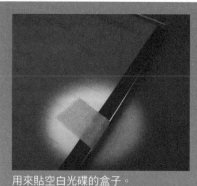

用來貼空白光碟的盒子。

也可以用來貼在寶特瓶上。

寶特瓶也可以貼紙膠帶

除了電池外，紙膠帶也能運用在其他方面，基本上是用來作為尚未使用的標記。若以前面婚禮的攝影為例，預備的空白錄影帶（或是光碟）最好也先貼上膠帶作記號。

預備的空白錄影帶如果是新的尚未拆封，一看便能知道還未使用，但在匆忙的時候可能會因來不及拆封而慌了手腳，所以我會先把它拆封，然後在空白錄影帶直接貼上紙膠帶；而因為光碟片表面光滑、容易受損，所以我不會直接貼在光碟上，而是貼在已經撕掉塑膠薄膜的光碟盒開口上。

可能有人會問：「現在不是很多人都用硬碟嗎？」硬碟這裡暫時不論，我希望大家用8cm DVD或是預備的SD記憶卡時，能參考這個方法，像我在家裡使用的預備DVD（量大時）便是這麼貼的。

另外，像在公司裡把自己的飲料放入公用冰箱時，只要貼上這個紙膠帶，就能知道飲料的主人是誰，因此身邊有了它，好處實在很多。

在家裡也是一樣，像急著要錄節目時，放進以為是空白的帶子，結果卻是已錄好的帶子，若事先貼上紙膠帶就不會發生這種狀況。當然，內容清除乾淨後的空白記憶卡等，也可以運用這種方法。

這種紙膠帶用來暫時固定東西也很方便，我喜歡把它放在膠帶台裡，然後把膠帶台放在家裡或是辦公桌上隨時伸手可及之處。

我使用紙膠帶的頻率，比用一般的膠帶還高，此外，若在桌子等固定位置使用的話，可以用日本住友3M的「Command（TM）無痕膠條」這種易撕的黏膠來固定小膠帶台的底部。

把小膠帶台固定後再使用。

用「Post-it」便利貼製作索引

說到製作索引或標題，很多人會想到蝴蝶狀的標籤貼紙，也就是把相當於兩邊翅膀的部分折疊黏貼的標籤貼紙，不過我認為，應該把這個習慣改掉。

我所使用的是日本住友3M的「Post-it flag index」利貼透明指示標籤系列產品，它是半透明薄膜狀的標籤貼紙，可以從盒子裡一張張地抽取出來。

它不需要把兩邊折好就能黏貼，而且和普通的便利貼一樣能撕得下來，所以即使是貼錯或貼歪，都可以重貼，非常方便。

此外，它比紙張還堅固，除了書寫索引突出的部分外，其餘都是透明的，所以就算貼上，也不會遮掉文件上的文字，而且直接拿去影印也幾乎不會印出來。

光是這些優點就很有說服力，比傳統的索引標籤還好用，可隨意重貼這點，即具有極重要的意義。

索引是「暫時性」的

這裡我先來談一下分類學。舉例來說，將生物分為植物和動物，然後動物再分成哺乳類、爬蟲類、鳥類……，這種分類法現在大家一定覺得再自然也不過，但它並不是一開始就存在的，而只不過是將

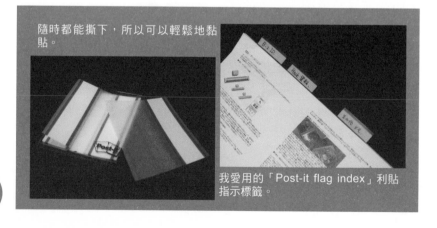

隨時都能撕下，所以可以輕鬆地黏貼。

我愛用的「Post-it flag index」利貼指示標籤。

「現在」地球上的動物用「現下最主流」的方法來加以分類而已。哪一天，如果時代變了，就會需要別種分類法。當然，生物並不是為了分類才進化，而是為了生存才進化的。其進化結果，是我們人類為了將生物發生的多樣化整理成容易了解的內容，所以才要加以標記、分類。

也就是說，先將各式特徵集合，之後才產生分類。分類是在一個確定的時間點把「到目前為止」的東西加以制式化，它畢竟只是到目前為止的狀態。至於未來生物需要怎樣的分類項目，我們並無法預測。

相同的情形並不只限於生物，如果回溯三十年前，當時「電腦」和「手機」都不存在。分類項目不應該是先準備好的，而是依想要整理的事物動態而變化的。

許多商業也是處於「進化」的過程，而且變化越是劇烈的領域，這種傾向也就越明顯。若是如此，那麼在其作業中把檔案索引固定化的作法，不僅沒有效率，甚至可以說是一種錯誤。

因為如果分類固定，那麼好不容易出現的「新品種」就會被勉強分入已經落伍的既存分類中。分類需要應付經常變化的彈性，所以我認為索引最好是經常保持在「暫時性」的狀態比較好。

正因為如此，所以我極力推薦做索引時使用「Post-it利貼」這種標籤貼紙。

貼標籤要先從必要的項目開始

其實，使用標籤來做索引的好處，就是不用煩惱太多便可開始使用。反正可以重貼，所以只要先從常檢索的項目貼起就行了，並不需要特地從A到Z把所有的項目都標上標題。把很少用的項目也依序建立索引，只是在浪費時間。若先從必要的常用項目開始建立索引，那麼即使是很厚重的資料，最常用的部分也能讓人一目瞭然、快速檢索。

因為是標籤所以隨時都可以重貼，這種方便性可以降低黏貼作業時的心理障礙，加速實際的作業。在此同時，就能把檔案中自己覺得重要的部分分類好，有效率地建立檔案。

筆記本的索引也適用此法

我自己使用的筆記本是「MOLESKINE」、「Mnemosyne」，用「Post-it 利貼指示標籤」作這些筆記本的索引標籤也十分方便。利貼與印有格線的方格筆記本尤其相配，因為「Post-it flag」利貼透明指示標籤寬為10mm，所以筆記本若是5mm方眼的頁面，就能剛好對準紙張的兩格貼上標籤，看了讓人心情愉快。只要將這標籤貼在距離筆記本紙張邊緣突出5～6mm處，就算筆記本裡有多種不同的內容混在一起，也很容易尋找。

另外，由於標籤的索引書寫部分以外是透明的，所以不會蓋掉筆記的內容，而且還能拿掉重貼，所以像待辦事項等，即使改變位置再重貼也可以。

還有，要在這麼小的薄膜狀標籤上書寫，我推薦用筆頭極細的油性迷你筆「Pilot百樂Drawing pen」，用它能把字寫得又細又清楚。

在筆記本常翻閱或是待辦事項頁面加個標籤和標示就會很方便。

04 在小抽屜收納盒貼上識別標籤

重點是「暫時性」

「暫時」性的作法其實也可說是一種「省事」的技巧。

在我的前著《文具的徹底活用手冊——必備品篇》也曾提過，我認為會整理東西和不會整理東西的人，最大的差別在於：他的東西有沒有固定的放置位子。大部分不會整理東西的人，東西的擺放地方不確定、經常改變。可能本來他自己決定這個小抽屜要放「藥」，但等哪天想到時才發現裡面放的卻是橡皮筋、尺等

等。這種狀況一多，房間自然就會變得雜亂。

這種人更必須把東西的放置位子一一確定，不過越是一板一眼的人就越會這樣想：「東西要放哪裡，讓我想好再決定」，於是就變成永遠都無法確定的保留狀態。大家請先了解，所謂「想好再決定」會比「沒有好好想就決定」的情況還糟。就算「暫時」也好，第一步就是要先決定到底這裡是要放「藥」還是「文具」，一旦決定，則必須遵守這個「暫時」的規則，這點很重要。

適合暫時標示的膠帶

為了貫徹這項「暫時」的規則，暫且先把決定好的暫放處貼上標籤，讓它明確化，

小抽屜收納盒內要放的東西還未確定之前，暫時先這樣貼上識別標籤，使用上就會方便許多。

這種作法是很有效的，畢竟就是因為做不到所以東西才會很亂。當然這個標籤也是「暫時性」的，所以就要使用即使會變更也沒關係、隨時都能容易撕除的標籤。

我會先把小抽屜一次清空，然後貼上寫著「藥」的標籤，這樣這個小抽屜就變成專門放藥的地方。貼上這張識別標籤，原子筆、迴紋針就不能亂往裡面放，這樣一個個地來決定東西的固定收納位置（即使暫時性地也好），最後就會逐漸而自然地把雜物整理好了。

暫時的標示需要能馬上貼好又能隨時拿掉，若要簡單達成，用紙膠帶和油性筆即可。前面所介紹過的黃色紙膠帶最適合，實際觸摸過你就會發現它的柔軟性、黏著性和質感都很與眾不同。

如果身邊只能有一樣膠帶，我絕對會推薦它，但若是您覺得它太鮮豔而不喜歡，也可以用現在流行的其他彩色紙膠帶。

油性筆我則推薦Pilot百樂「V Super color」油性麥克筆，它在平滑的紙膠帶上面也能很自然地寫得非常清楚，所

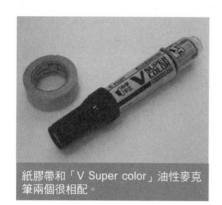

紙膠帶和「V Super color」油性麥克
筆兩個很相配。

以向大家推薦。

　　想要貼得很漂亮，可以用
標籤機的標籤貼紙，只不過普
通的標籤機貼紙黏性太強，貼
了一段時間若想把它撕掉，有
時會只撕下貼紙表面，而印刷
面的一部分卻還留在上面，因
此若要拿來貼檔案，就無法隨
意使用。

　　像我是使用塑膠的抽屜收
納盒來整理，若在小抽屜上貼
普通的標籤機標籤貼紙，會無
法乾淨地撕除。

　　不過，若是使用「易撕的
標籤貼紙」，那麼只要是塑膠
或是金屬的堅硬表面，之後要
撕除貼紙都不會有問題，可以
隨意黏貼。不只是小抽屜，也
可以貼在書背等處，之後要再
拿掉重貼都行。

　　這些若能用與PC連接的
標籤機「馬上」做好就無妨，
但若是想「以後」再來確定，
那麼我就會使用紙膠帶來貼
「暫時的標籤」。最重要的
是，不管「以後」要怎樣，總
之現在就要先「把暫定的事項
清楚地標示出來」，這點非常
重要。

這是標籤機的「易撕的標籤貼紙」，
容易撕除是它一個重要的「功能」。

大刀闊斧地把身邊的事物一次整頓好

整理

之
章

在本章要介紹的方法，與其說是所謂的整理、整頓，還不如說是「整理」日常用品的「形態」。這裡將提出我實際在運用的一些方法，技巧包括：

1.利用牆壁壁面。
2.把東西「單位化」。
3.善用看不見的角落。

在公司裡，我把容易雜亂的東西放到桌下或是抽屜裡等看不到的角落，努力把那些礙手礙腳的東西整理好。

我所介紹的都是我實際運用的方法，不過相信也有人對我使用魔鬼沾等一些方法持否定的態度，然而這些方法都是經過實際長期使用後真的覺得很好用，所以這裡還是斗膽向大家介紹文具王的技巧。

當然，實際的整理方法會因所擁有的東西而異，如果各位讀者能領會各方法中的基本想法，然後加以變換運用，那是最好不過了。

可直接隨意抽出的便利貼紙

「在月球上，外星人正秘密建設侵略地球的前線基地……」科幻小說裡總有這樣的情結。

不過，在我的桌子下面，從外面看不到的地方，正在秘密進行一番改造。為了能攻佔桌面，我每天都在進行「軍事準備」，其中一項的「主力裝備」便是下面照片裡的便利貼。

這是日本住友3M的「利貼抽取式便條台」組，便條台背面有附雙面膠帶，可以固定在方便拿取的某個壁面上使用；而便利貼則是相互交疊，可以像抽取式衛生紙一樣，抽出一張後下一張會自動出現，它的規格是77×77mm（長×寬），正好適合用來記一些備忘或是點子。

我把這個便條台貼在桌面底部，位置就在放滑鼠的相對面，貼在剛好相反的位置。不論擺放位置如何，這個便條台都照樣能用，所以只要把右手伸到桌面下就很容易抽出一張便利貼。只要把它放在自己知道的地方，便不用彎下身去一一確認桌子背面，就能馬上拿到便利貼。

這裡順便補充說明，我之所以會把它貼在右邊，是因為我習慣用左手接聽電話。像現在若是有電話進來，在我說「喂——您好」的同時，我的右手就會馬上抽出一張便利貼來黏在桌上，然後再拿筆。

或許有人會認為「不過是便利貼，放哪不都一樣」，但是重點在於，不管桌上有多

這是便條紙和便條台組，產品名稱是日本住友3M「利貼抽取式便條台」組。

亂，只要需要便利貼，就能馬上拿到。人的短期記憶力根本不可靠，必須趁點子或留言還沒忘記之前就把它寫下來。還好桌子下面因為「地心引力」的關係，不能任意堆放雜物，所以要拿便利貼隨時都「OK」。另外還有個好處，說起來我心機很重——那就是同事不會隨便拿到。

把礙手礙腳的東西收到桌下

我有慢性鼻炎，所以也把抽取式衛生紙連同盒子貼在桌面下。我是先把盒子邊緣劃一個切口，再插進強力磁鐵夾夾住便能吸住桌底。若是把衛生紙盒放在桌上，它就會變成佔掉一個直立式檔案架空間的「麻煩東西」。您難道不覺得被衛生紙這種東西佔去有限的桌面空間，是件很愚蠢的事嗎？

這種作法不僅使桌上能騰出使用空間，而且放在桌下比桌上更容易維持原狀，拿東西更順手，直接一拿就有。這種程度，絕對夠稱得上是一種聰明的工作術。

此外，要像這樣有效利用桌下空間，最好限於單一功能的東西；還有，要注意不要忘了自己在桌子下有放置東西。

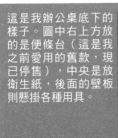

這是我辦公桌底下的樣子。圖中右上方放的是便條台（這是我之前愛用的舊款，現已停售），中央是放衛生紙，後面的壁板則懸掛各種用具。

93

先把衛生紙盒子的邊緣切一個切口。

再於切口處插入強力磁鐵夾夾住即可；即使是倒著夾，使用上也完全沒問題。

02 在抽屜裡充電

在「抽屜裡」幫iPhone充電

iPhone、手機、數位相機、頭戴式耳機……這麼多非充電不可的東西，不管怎樣放總是令人煩惱。這些東西放在桌上不但會佔空間，而且佔空間的電源供應器還要連接延伸的連接線。

由於這些東西的大小、形狀、連接線的長度各不相同，本來桌子周圍就已經因為有掃描器、外接式硬碟等堆滿了各式連接線，現在還要再加上這些像藤蔓般不斷增生的各種電器連接線。我每天都要從這些纏繞的電線中拉出連接頭，然後插上各種數位機器。這種作法是不是很像回到低效率的農業時代呢？

但這些機器是靠電力運作，所以這種狀況無法避免。最後，實在忍無可忍的我便決定，乾脆把這些東西集中全部塞到桌子抽屜裡。而且不只是數位機器，還包括了充電器等等。

我的作法雖然粗糙，不過卻很簡單。只要騰出一個桌子的抽屜，專供這些數位機器充電即可。作法是先把抽屜裡面清空，再拉一條附有磁鐵的延長線插座到抽屜裡，把它貼在抽屜最裡面的壁面上。當然作法可視抽屜形狀的不同而異，有時能把配線直接拉進去，而如果不行，那就利用各種工具去挖個洞（笑）。別怕，沒問題的，大不了挖一、兩個洞，

這是我用來給小工具充電專用的抽屜，抽屜最裡面裝有附磁鐵的延長線插座。雖然裡面很亂，不過關上就看不到，使桌面看來十分整潔。

總是有辦法的！

我的桌子由於有小空隙，所以只要將延長線的插頭先暫時分解，把線穿過空隙後再重新組合，把插座放在抽屜最裡面擺好，準備就OK了。我在裡面放入iPhone及手機等機器的充電器，在抽屜裡可以隨意使用。

雖然打開抽屜還是會看到一堆連接線，不過關上抽屜就什麼都看不到，桌面整整齊齊，讓人看了心情非常愉快。

我還在想，以後是否連USB集線器也可以把它拉進抽屜裡，讓iPhone的同步化、硬碟、數位相片的傳輸等作業全都集中在抽屜裡進行。

03 活用魔鬼沾《行動 PC 篇》

文具王的行動必備裝置

我剛開始使用電腦時，桌上型電腦和筆電的功能差距非常大，當時筆電一般最多是當作備用電腦來用。不過，近幾年來筆電的功能經過不斷的改良，現在與桌上型電腦相比已毫不遜色，使用上相當足夠。

雖然在公司裡我也是用桌上型電腦，不過個人用的主要電腦則從好幾台以前買都是筆電了。

由於現在筆電電池的稼動時間也改善了許多，行動電腦已經是非常實用的東西。回想才幾年前，我出差時還要拼命扛著比現在還要重上數公斤

的電腦裝備，那時連線速度緩慢，而且電池（加上預備電池）也只能維持數十分鐘。

我是Mac的使用者，雖然在電腦的重量減輕上不像Windows使用者那般幸運，不過這種幾乎每天都要帶著它行動的生活，現在稍微輕鬆了。然而跟以前比起來，雖然現在功能增設的需要性是變少了，但是要另外帶的周邊機器還是不少，像我要帶的就有：

- 通信終端裝置：EMOBILE「D02HW」。
- 外部儲存裝置：2.5吋400GB的外接硬碟、隨身碟。
- 電源：電源供應器。
- 周邊機器：數位相機的讀卡機。

就現階段來說，這些都是我必備的東西。目前日本的無線LAN環境尚未普及，幸好還有EMOBILE這種裝置。比起以前使用的WILLCOM，EMOBILE的通信速度快多了，只是它能連線的區域範圍有限，目前只能在大都市使用，出差或是回鄉下探親時就可能無法上網。就這點而言，雖然PHS的WILLCOM可連線的區域較廣，但速度實在太

慢。拜EMOBILE之賜，現在大都市的咖啡館或是餐廳都可以很方便地透過它來上網。

每次硬碟容量不夠用，我就會換一個新的。既貪心又很優柔寡斷的我，我都想儘可能地帶著全部做過的資料。如果要我把資料分成「外出用的」和「可暫放一旁的」，那可是比什麼都還令我頭痛。雖然電腦主機裡的硬碟容量已經增大許多，但是我資料增加的速度也非常快。

因為我的圖片資料很多，所以目前需要用到外接硬碟。我不僅用「iPhoto」來處理數位相片，也用它來管理掃描的文件。我主要的iPhoto圖片庫裡照片有高達將近八萬張，超過180GB，而且類似這樣的圖片庫就有好幾個。平常只用電腦主機大致上沒什麼問題，不過我還是常常會用到外接硬碟，所以還是少不了它。

大致上，如果還要等待回家才能查閱的資料，我最後就不會使用。資料若不能攜帶，那就等於不存在。

越是必備的周邊機器，越令人傷腦筋

為什麼要這麼說？那是因

為像D02HW這類的裝置雖然在行動時絕不可少，但它的設計實在叫人沒轍──必須接一條連接線以便連到PC的USB連接埠（有些Windows用的是PC卡型）。

很少人會像「膝上型電腦」（Laptop）字面所示，真的坐下來把筆電放在大腿上使用，但是這些必要的USB機器大部分都被設計成一個個體，必須另外用細長的連接線與本機相連，所以一台筆電同時可能要外接好幾個周邊機器，狀態非常不穩固，即使只是把筆電稍微移位置，例如從辦公桌移到會議桌，就要拖著一大堆的周邊機器。所以必須注意連接線不要脫落、同時把周邊機器連同筆電一起移動，非常麻煩。

尤其是外接硬碟等記憶裝

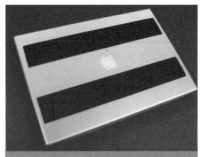
筆電液晶螢幕背面貼著魔鬼沾的毛面。

置若不小心電源被切斷，資料就有可能損毀，非常危險。而且除了電腦，一般人另外還會帶文件、手機、計算機等其他物品，結果就更麻煩了。

我最討厭這樣，真要移動位置時，我希望能更俐落地處理這些周邊機器。

利用魔鬼沾輕鬆搞定！

於是我想到利用魔鬼沾（又稱黏扣帶、魔術帶，英文原是Velcro、Magic Tape，其實Velcro是美國Velcro公司的商標，Magic Tape則是KURARAY公司的商標）來解決這個問題。

我在筆電液晶螢幕的背面貼上魔鬼沾的毛面（環狀柔軟的那面），而在週邊機器貼上鉤面（鉤狀粗硬的那面），這樣便可將零亂的週邊機器藏在液晶螢幕的後面，讓它們暫時

與電腦以一條線相連接的D02HW。

和本機一體化。除了天線類，讀卡機等裝置也都用這種方式固定在容易使用的位置，十分方便。

25×150mm左右的一組魔鬼沾，在大創等百元商店就能買到，但若是像我這種用法，毛面和鉤面使用的長度和頻率完全不同，而且其他機器若也要貼上，就要有相當的長度，可到手工藝材料行等商店購買現場裁切、業務用的筒狀魔鬼沾會比較划算。

我所使用的魔鬼沾一面是強力黏著膠帶，是在Yuzawaya店（譯注：日本著名手工藝材料連鎖店）裡買的，若拿掉上面的隔離紙，便能像使用普通的貼紙一樣簡單地黏貼。

毛面的規格是50mm寬，因為這是要用來貼在筆電的背面等作為底座的部分，所以使用時需要較大的面積，我是把整卷25m長、未裁剪的毛面魔鬼沾買下來（笑）。至於魔鬼沾毛面的價格，則視它的寬度和材料會有不同，平均1m約800～1,000日圓（毛面和鉤面的價格會有若干差異）。由於以後不夠要再買的話會很麻煩，而且把兩片接起來用也不

我所愛用的業務用魔鬼沾，規格為寬50mm。

好看，所以我建議可以比預計要用的多買一些，大量購買有些店還會打折。

而鉤面我用的是25mm的寬度，因為這是要貼在要黏的機器上，大致每塊只要切成細細的幾公分長來用即可，所以長度有2m左右，就應該很夠用。順便提一下，鉤面魔鬼沾平均1m約350～450日圓。

魔鬼沾鉤面的部分容易勾住布之類的質料，摸起來也不舒服，所以使用面積較大、要作為底座的部分我是用毛面，而週邊機器部分我是用鉤面，這樣會比較方便。使用的秘訣就是毛面可以乾脆貼大一點，而鉤面就貼少一點。

超方便的魔鬼沾！

雖然不同的魔鬼沾產品情況不一，不過大面積貼魔鬼沾

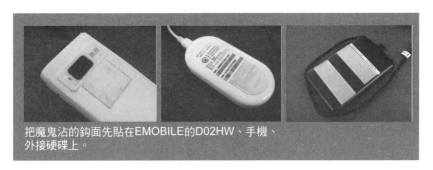

把魔鬼沾的鉤面先貼在EMOBILE的D02HW、手機、外接硬碟上。

的話，有些廠牌的魔鬼沾黏性十分驚人，需要小心。黏性太強的話，要拔下黏在機器上的東西時，機器本身會變形，所以在拔的同時要適度地抓住機器。

可能有許多人不喜歡直接在 PC上貼魔鬼沾，其實用膠帶專用的除膠劑就能把魔鬼沾乾淨地清除掉，所以不妨試試看。或許有人會覺得外觀實在是不好看，不過我保證它真的是超方便。

最後還有一些小地方要注意，像筆電的螢幕轉軸，原本並沒有針對這樣的用法做設計，所以要黏硬碟等重物時，就要注意盡量黏在靠近轉軸的地方。如果黏的地方離轉軸較遠，依槓桿原理會對轉軸造成很大的負荷。

另外，有些電腦的螢幕背面有設計散熱板，所以螢幕背面最好不要全部貼滿魔鬼沾。

總之，依各個PC的規格和要黏的東西會有不同的情況，請想照做的人自行負責。

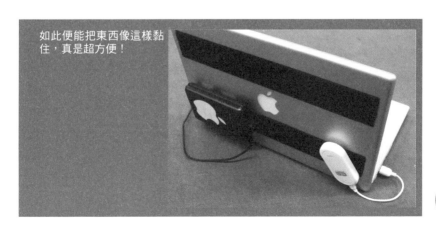

如此便能把東西像這樣黏住，真是超方便！

拿取和收拾都很簡單

我用魔鬼沾其實並不限於筆電相關的機器，在重視攜帶性的行動原則下，我把魔鬼沾也運用在包包上，並建立了一套「魔鬼沾的使用技巧」。

「你也太迷魔鬼沾了吧」有人這麼說，但其實不是，它真的是很方便，最快的方式就是請您先來看看，一看便知，我把照片放在下方，那就是我的包包。

這個包包裡的內側因為是毛面的魔鬼沾，所以可以把硬碟或是手機等等直接黏在上面。看起來有點像間諜或是恐怖份子用的手提袋，不過這樣袋子的內面就能黏小工具，好處實在太大。

這是我的手提袋，裡面裝的東西是用魔鬼沾固定，排列得十分井然有序。

我的包包裡常帶著的東西有手機、數位相機、硬碟、讀卡機、錄音器、名片盒、電子字典、計算機等等，大都是手掌大小的平面立方體，要是將這些東西排好就會發現它們的形狀其實並不一致，若把這些東西隨便放進去，便會亂七八糟地集中在袋子的底部，容易互相擦撞，不僅是東西會受損，而且包包還會像西洋梨一樣下半部膨脹變大，要拿裡面的東西就會很困難。

還有，由於袋子的底部會堆積灰塵、沙子或是餅乾屑之類的東西，隨身碟、讀卡機等會露出連接頭的小機器會和這些垃圾混在一起，灰塵、屑屑就有可能會掉到機器的縫隙裡，而大部分的數位裝置在製造時並沒有把這種情況給考慮進去。

當然，也可以把這些裝置收到原廠的盒子裡，或是放入有很多口袋、看起來很方便的內部分隔收納袋裡，不過經我實際試用，每次要更動必要的東西或是新產品形狀不同時，包包便無法配合狀況適當收納。

而且分隔收納袋上黑色尼龍口袋數量一多，東西放到哪兒或是裡面放了什麼會讓人搞不清楚。對真正的行動族來說，要能安全地運送這些機器，而且需要時也能很容易拿取，不用時又可以很快地收好，這些都是重點。

由於魔鬼沾包包裡裝的東西是平面排列，很容易一目瞭然，它能縱向均等地擺放東西，所以可以保持包包外觀的平整。這樣不僅大大提高了包包的收納能力，而且裡面裝的東西有魔鬼沾固定，所以搬運時不會框啷作響。

另外，由於魔鬼沾本身具有耐震性，所以對於振動或是撞擊的安全性也很高。不管是拿取東西或是把東西放回去，只要直接伸個手就好，麻煩可以減至最低。

當然，能黏的東西不只限於數位裝置，只要把鉤面的魔鬼沾裁切成數十公分長、折好放入袋子裡備用，就可以隨時增加、並符合個人需求。

薄荷涼糖罐、眼藥、環保筷都行，只要東西的表面有硬的部分而且是平的，就可以把魔鬼沾適當裁切好後貼上，讓東西能很密實地排

魔鬼沾手提袋裡裝的東西因為是平面擺放的，很容易一目瞭然，而且因為能縱向均等地擺放，所以可以保持包包外觀的平整。

好。「RHODIA筆記本」、「MOLESKINE筆記本」等紙本工具，也可以直接貼上魔鬼沾。

此外，重的或是真的不適合黏貼的東西，請直接放進包包的底部。

神奇的除膠劑

雖然我說魔鬼沾很好用，但是我想還是會有很多人不願意在機器上直接貼魔鬼沾，所以有必要來幫大家轉換想法，但這並不是要強制大家要怎麼做，我只是來介紹一下想拿掉魔鬼沾時可以把它乾淨去除的補救方法。

魔鬼沾背面的黏著劑用一般的除膠劑便可以把它乾淨地清除，魔鬼沾與貼紙不同，它並不會在清除中途破掉，所以

可以輕鬆地清除乾淨。如果是貼在堅硬的表面上，就能乾淨地擦掉殘膠，所以基本上不需要擔心。

我最推薦的除膠劑是「MITSUWA紙膠溶劑」（MITSUWA PAPER CEMENT SOLVENT），原本這是「MITSUWA紙膠」接著劑專用的去除、稀釋劑，不過卻非常適合用來清除膠帶。

這種除膠劑清除力雖然非常強，但卻不會傷害材料本身，是非常神奇的液體。像百貨公司的包裝區等的工作台，仔細看常常就能發現它的蹤影。

我所推薦的「魔鬼沾包包」

接下來，要來談談有關隨身包包。我這個運用魔鬼沾的技巧，第一個問題就是要先準備一個能做為「底座」的包包。

若是考慮市面上的商品，我想在電腦包或相機包販售區找到的機率會比較大，於是就去找裡面是使用魔鬼沾而能自由移動、固定間隔位置的袋子。

另外，有的袋子雖然並沒標示是採用魔鬼沾，但其表面所使用的材質是與魔鬼沾有著同樣性能的絨毛布料，也能降低撞擊力。

這裡我就來介紹幾個我所使用的「魔鬼沾包包」。我最喜歡的就是前面介紹過的手提袋，那是很久以前SAZABY所銷售，目前已經停產，裡面有一個空間的內側全是魔鬼沾。這個手提袋比較輕薄，各方面

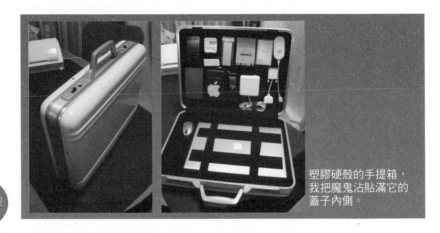

塑膠硬殼的手提箱，我把魔鬼沾貼滿它的蓋子內側。

設計都非常好，也是我使用最久、最喜愛的手提袋。

再來是容量較大、到哪先都可以把它放在大腿上當桌子用的手提箱（102頁照片）。

這是塑膠製、ELECOM所生產，重量比較輕，原本是筆電專用的手提箱，底座的一側有固定筆電的皮帶，而蓋子的內側則有一般手提箱常見的文件大小口袋，我把它整個拿掉，然後再黏上整卷魔鬼沾。

這樣一打開手提箱，所有的裝備便可一覽無遺，就像在電影裡出現的恐怖份子的手提箱一樣。若是出差時，只要在旅館桌子附近適當的平台上（椅子上或是置物台上）打開手提箱，感覺就好像「基地建好了」。

全用魔鬼沾製成的包包

另外，還有一個非常出色的袋子，也就是「newneu.」這個品牌。這是我在東京高円寺「SAL／newneu.」的店裡發現的，袋子從裡到外、甚至到肩背帶全是用魔鬼沾（毛面）做的！我還沒看過這麼完美的魔鬼沾製的包包。雖然這個牌子的主要訴求是可以隨興地換上時尚的藝術徽章，不過像我幾乎所有的數位裝置都有貼魔鬼沾（鈎面），這正是一個很完美、可當底座的包包。

我買這款斜背袋時，雖然另外還有手提包和手提旅行袋的類型可供選擇，但考慮到要放筆電，所以最後還是選擇了斜背袋。它除了能自由地加上

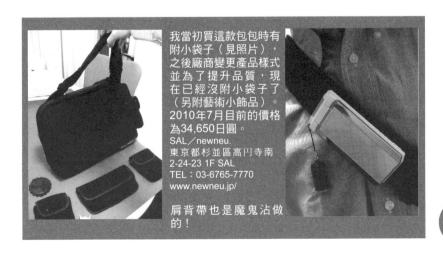

我當初買這款包包時有附小袋子（見照片），之後廠商變更產品樣式並為了提升品質，現在已經沒附小袋子了（另附藝術小飾品）。2010年7月目前的價格為34,650日圓。
SAL／newneu.
東京都杉並區高円寺南
2-24-23 1F SAL
TEL：03-6765-7770
www.newneu.jp/

肩背帶也是魔鬼沾做的！

小袋子（可另購，愛加多少都行）外，還能把手機或是iPod黏在肩背帶上。當然，就算不像我這樣把數位裝置的背面全貼上魔鬼沾來用，光是能隨意加入小袋子這點就非常方便了。

而且很多人以為可以另外選購的「吉祥物」，其實是個可愛的徽章，但它卻可以把耳機線纏繞在上面然後再黏到袋子上！

這是為了方便取用耳機的一種特別設計，真是好玩又實用的袋子。這裡補充一下，這個斜背袋曾得到2007年度日本優秀設計獎（商品設計類／日用商品）。

以上我介紹了許多東西，您還會覺得在Mac上貼魔鬼沾很難看嗎？我想，在MacBook Black或是ThinkPad筆電上貼魔鬼沾沒那麼糟糕吧，您覺得呢？

袋子內外側都是魔鬼沾材料，可以隨意地黏貼東西。

這個吉祥物不光是可愛，而且具有實用性。

05 把所有電線加上黏扣帶

礙手礙腳的電線

前面曾多次提過我最討厭電線，雖然這是因為我很不會處理它，覺得它很不方便。若是把電線隨便放進抽屜或是袋子裡，幾乎就可以斷定它一定會互相纏繞在一起。我常會覺得「此生無法在一起的羅密歐與茱麗葉，他們的哀怨就糾纏在那些電線上」。

開玩笑歸開玩笑，若還有其他辦法可以替代，不要有電線最好。你如果在家裡試用過無線LAN後，就絕對不會想再用以前的方式。現在我家裡用的裝置從喇叭、印表機，到自動備份的外接硬碟都是無線的。不過，供電還是必須透過電線，不管是燃料電池還是非

接觸式充電，在有更好的方法實用化之前，要從礙手礙腳的電線裡解放出來，未來似乎還有一段路要走。

當然，在我們周遭不光是電腦相關的設備裝置有電線，家裡的視聽設備、咖啡機、吹風機、電暖爐、各種充電器，甚至平常沒在用的各種裝置等，這些機器的電線多到實在讓人無法想像。

其中雖然也有像吸塵器或是熨斗等機器，不用時可以把線捲好收起來，不過大部分的時候，一般人對電線只是束手無策。而奇怪的是，電器產品的目錄照片上幾乎看不到電線——這根本是故意裝作沒看見！在超薄型智慧電視的廣

告裡，電視像畫框般裝在牆壁上，但是電源線、影像傳輸線呢？還有錄放影機、DVD播放機要放哪裡呢？

這麼一想，在人們的印象裡那種簡單的生活其實根本不存在，這實在很令人生氣，就算有吉永小百合（譯注：日本著名資深女藝人）的推薦也無法讓人接受。

不要把電線「打結」

所以接下來要來談如何處理電線，不過使用中的電線暫不討論，先來思考電線沒用時的情況。當然，使用中的電線雖然確實也很多，而且也很令人苦惱，但是因為電線裡實際有電（包括訊號）在流動，就不好處理了。電腦相關的設備雖然多少是可以想些辦法處理，像把太長的連接線換成短的，或是把電線整理綁好，但是冰箱、洗衣機之類的家電就只能在一開始擺置時盡量不要讓電線露出來。不過反過來說，這些電線若一次就好好放好的話，平常也不太會看得到。

那些讓我很頭痛的反而是插著電、在待機狀態機器的電線。像電暖爐、電扇要長時間待機，像吹風機常常要拿出來用，還有不常用的音響等，雖然暫時沒用但因有需要，所以還是會把它擺著。

這些機器的電線在待機時若沒有收好，不僅會造成妨礙，而且常常還會纏在一起，等要用時就必須「先把線給解開」。正想用的時候卻還要先把那些纏住的電線解開才能用，對我而言是一種很難忍受的問題。就因為如此，所以我對電線的處理會比較吹毛求疵。

電線之所以會纏在一起，問題其實是出在捆綁電線的方式。很多人常用的一種最糟方式就是「把電線對折再對折，等對折到適當的長度時再把它打個結」。如果是比較簡單的電線，用這種方式看起來電線好像整理好了，但其實收得並不是很俐落，而且像耳機等細電線會很容易纏在一起，簡直跟把它打結沒兩樣，所以最後當然會纏成一團。

另外，比較粗的電線最後要打結時因為會被扭曲，若常這樣做，就很容易造成電線表皮破裂等問題。大部分的電線雖然可以耐得住簡單的彎曲，但許多都不堪過度的扭曲。不

論如何，我並不推薦用這種方法。

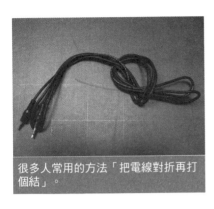
很多人常用的方法「把電線對折再打個結」。

為什麼電線會纏在一起？

但是各位讀者，您可曾想過為什麼電線會纏在一起呢？有學過拓樸學（Topology，一種特殊的幾何學），或許就能正確地說明其中的道理，不過就算沒學過，若仔細觀察應該就會明白。電線之所以會纏在一起，是因為電線的兩頭相交叉；反過來說，兩頭若沒交叉，電線就不會纏在一起。也就是說，要是能避免電線的兩頭交叉，就能防止電線纏在一起了。

具體該怎麼做呢？一個方法就是學學這方面專家的作法。這裡的專家是指登山家和船員，對他們來說繩子的使用攸關性命，數百年來已發明了

各種結繩方法，外行的我們只要記住其中一種就好。

那就是把繩子整理成「8」字型，再把繩子中間細腰的部分一圈一圈地繞緊捆好，最後再把一端穿過另一端的繩圈。這也可以運用在耳機上，不過這個方法並不是我發明的，戶外求生類的書籍、網路上或部落格等都有刊登相關的資訊，想多了解的人可以找來看看。

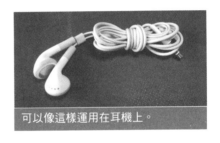
可以像這樣運用在耳機上。

只要好好記住這個方法，必要時便能派上用場，非常方便。不過，我想推薦給大家的方法在下面，我的方法其實很簡單——去買個ELECOM的電線黏扣帶，然後再黏到電線上就好了，完全不需要什麼技巧，只要用黏扣帶把線緊緊地扣住固定即可。

這種黏扣帶一端是黏住電線用的，所以就算電線在使用中，黏扣帶也不會脫落不見。

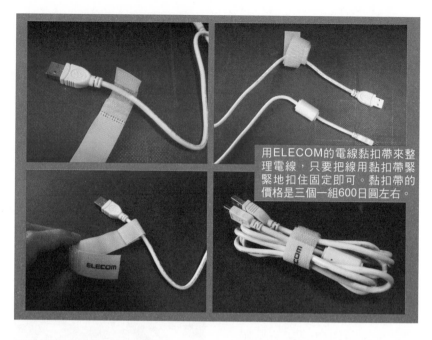

用ELECOM的電線黏扣帶來整理電線，只要把線用黏扣帶緊緊地扣住固定即可。黏扣帶的價格是三個一組600日圓左右。

可惜它的長度只有一種，不過只要電線不是太長，使用上大多都不會有問題（如果電線太長而無法用黏扣帶固定的話，那麼可用前面所說的繩子打結方式）。

如果還有什麼秘訣勉強要我說的話，像是在把電線對折再對折，對折到最後若還是有點太長，那麼可以把多餘處折成三段，這樣便可把大部分的電線整理成幾乎同樣的長度，電線若只是單純地折彎其實並不容易損壞（請勿勉強用力擠壓電線彎曲的部分）。

全面大採購

購買黏扣帶的重點就像整理襪子那節所講的一樣，請乾脆一次大採購。像我家裡有黏扣帶的電線便超過100條。

我想我的電線大概比一般的人多吧，當初我想把「全部的電線」加上黏扣帶時，才意外發現家裡的電線竟然有那麼多（起初我一口氣買了10組30條的黏扣帶，等回家後興沖沖地要整理電線時才赫然發現黏扣帶根本不夠）。

到底要買貴的還是便宜的黏扣帶就由各位自己決定，不過不管是什麼連接線，如果有

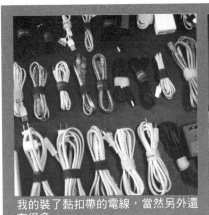

我的裝了黏扣帶的電線，當然另外還有很多。

拿電線的時候線不會纏在一起，光這樣便能減少我一半的精神壓力。

需要，那麼就應該讓它在要使用時能馬上使用，而且若覺得加上黏扣帶很浪費，那就表示這個連接線大概幾乎都沒在用（或根本不會再用），那麼就以後再說吧，先把它放到箱子裡。

當然，當我們想丟掉不要的電線時，可以把黏扣帶拆下來給下一個用。黏扣帶使用範圍極廣，基本上不會用不到。類似規格的黏扣帶在大創等商店就能買到，雖然品質或使用的方便性良莠不齊，不過我想還是可以找到足夠使用的產品，2,000日圓便可以輕鬆地買到100條黏扣帶。

除了那些已經固定在家電等機器上的電線外，我把連接線大致區分為電源類、電腦資訊類和視聽設備類三類，然後放入抽屜裡，這樣線就不會互相纏在一起、可以馬上拿出來，而且連接線的種類從外觀便能一目瞭然，非常方便。另外，還能很容易地掌握哪個連接線有幾條，而在整理暫時用不到的東西時也會十分有用（買周邊機器時，USB連接線也會增加）。

然而這個方法並不適用高度精密的音響用連接線，最多只適用家庭等級的機器。電源類連接線若捆著就直接插電使用，會有電線發熱等的危險性，因此使用時務必要把電線鬆開。

只要把各組工具裝入行李即可

我偶爾會短期出差,從當天來回到幾天的行程不定,出差的目的形形色色,演講、現場示範、店面銷售活動還是談生意都有,要準備的裝備不同,於是我都會配合出差的需要,先把要帶的裝備「單位化」,讓出差時可以隨時很快地準備好。

首先,我會依功能不同準備尼龍製的收納袋,以便出差時能視需要加以組合。電腦類因為就算沒出差也常常會帶著,所以並不需要先特別準備(以前光是預備電池在內的周邊機器就相當重,不過隨著電腦功能的提升,需要攜帶的周邊機器已大為減少,讓我十分高興)。

各類組具體如下:

【音響1】喇叭組。

【音響2】擴音器、麥克風、各種轉接連接線、各種延長連接線、轉接頭、延長線。

【影像】投影機用的連接線(10m、2m)、切換器、轉接頭、雷射筆。

【示範】現場示範用的各種文具、紙、筆記本、替換用筆芯。

【西裝】西裝(整套)、領帶、襯衫。

【替換衣物】T恤、襪子、內褲。

【儀容用品】刮鬍刀、刮鬍膏、髮雕。

【展覽準備工具箱】包裝膠帶、打釘機、美工刀等等。

【展覽示範工具箱】「示範」工具組的擴充版。

【倉庫作業工具箱】工作手套、「Mckee極粗」麥克筆、計算機、便章、各種筆等等。

出差時只要從這裡面選出需要的東西,然後把各組工具(單位)裝入行李箱就算準備完成,基本上這樣便不會發生手忙腳亂的情形。接下來我就來解說一下各組的內容。

【音響1】簡報用的喇叭組

對演講會場不能太過於信賴,進行簡報時最重要的因素

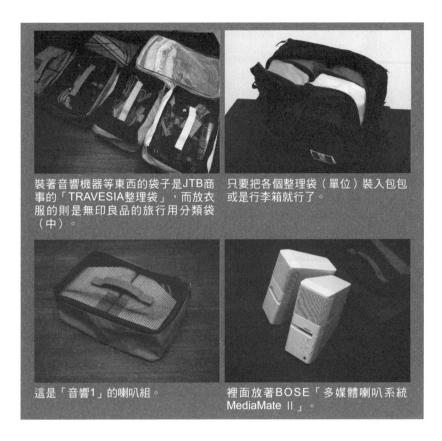

裝著音響機器等東西的袋子是JTB商事的「TRAVESIA整理袋」，而放衣服的則是無印良品的旅行用分類袋（中）。

只要把各個整理袋（單位）裝入包包或是行李箱就行了。

這是「音響1」的喇叭組。

裡面放著BOSE「多媒體喇叭系統MediaMate II」。

就是「聲音」，不管是要聚集觀眾還是要炒熱現場氣氛，總之音場的好壞是最重要的。

像我就曾遭遇過好幾次慘痛的經驗，所以都會盡量事前跟主辦單位討論好，並儘可能早點進會場，拜託工作人員切掉廣播等外部的聲音。不過遺憾的是，找我參加的地方活動，許多會場的企劃人員對影像、音響的認識並不是很了解。

實際上我就遇過好幾次，碰到有其他活動與展覽同時舉辦，但兩個會場間卻只是隔開，而我就在可以聽到商品介紹、會場廣播等聲音的環境下做演講；喇叭的回音、噪音不斷，再怎麼樣努力麥克風還是完全不行。在這樣的情況下，即使特地來聽的聽眾非常踴躍，但要讓他們愉快地聽簡報卻十分困難。

相反地，若是在幾乎沒有

外音干擾的安靜會場，聲音能十分清楚，那麼就是我自己的責任了，聽眾會直接地反應回來，簡報若有趣，現場反應便很熱烈；簡報若無趣，就會有許多人打起瞌睡。

有過好幾次不愉快的經驗後，我決定就算會場方面會準備音響器材，我還是全部自己帶。

若會場設備不足，我就馬上換上自己的喇叭。我的喇叭是BOSE「多媒體喇叭系統MediaMate II」，價格較為便宜、屬輕量級但聲音卻很有力，輸出是5瓦特×2台，150人左右的會場，聲音不會破掉，應付綽綽有餘。它最方便的地方是輸入有兩組，而且可以調節混音的平衡，這在演講等場合使用時是非常重要的功能。只要一邊連接電腦的耳機輸出端，另一邊連接麥克風擴音器，演講的準備就OK了，在現場還能很簡單地調節音量。

【音響2】不要忘了準備擴音器、麥克風和連接線

這組工具我大部分都是和「音響1」一起帶出去，裡面有頭戴式麥克風和擴音器。音響的重要性並不限於用在演講等講課式的簡報，像在門市進行現場示範銷售時，我也常常會帶這幾組工具。

在門市做現場示範一定會碰到吵雜的聲音，這時這組工具便能派上用場。由於一整天要邊講話邊做的現場示範，再加上自己的個性對工作會不由地投入，若只靠自己原來的聲音直接講，一天下來嗓子就會不行了。麥克風不僅是一種傳送聲音的機器，有它與否，體力的消耗程度也會完全不同。

由於現場示範時要用雙手，所以就算現場有準備手握式麥克風，做文具的示範時若還要一隻手拿麥克風，就實在太不像話了（以前我就曾碰過在示範銷售的現場才發現，現場準備的麥克風竟然是手握式的喇叭筒大聲公。看了也只能苦笑，怪自己事前沒作準備）。

到門市做現場示範，頭戴式麥克風因為不需用手拿，所以最適合示範銷售等活動使用，因此我也自掏腰包買了一個。它真的非常方便，雖然不一定要把它轉到大音量，但只要稍微把麥克風聲音放大，講話就會很輕鬆，而且讓人看起

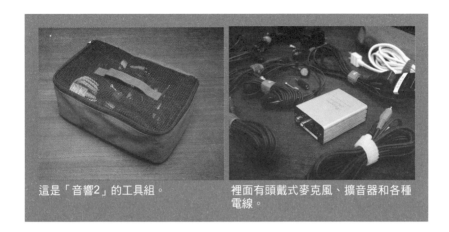

這是「音響2」的工具組。　　　　　　裡面有頭戴式麥克風、擴音器和各種
　　　　　　　　　　　　　　　　　　電線。

來像是很熟練的人，非常的棒。等過陣子手頭再稍微寬裕些，我想把它換成無線的。

　　另外，雖然常會出現無法把電腦輸出連到會場喇叭的情況，但大部分的問題其實都是出在輸出入連接線長度不夠等這種微不足道的小問題，所以必須準備好延長連接線和連接線的轉接頭。還有，因為擴音器和電腦都要使用電源，所以三孔以上的延長線插座也是絕不能忘記的必備項目。

【影像】投影機的相關必備品

　　在影像方面，對演講會場也不能太過於相信。投影機的連接線常常就只有原來投影機所附的線而已，而主辦單位帶到現場的連接線一般最多只有二至五公尺長。用這些線若能拉得到講桌還好，要是長度不夠就會很慘。原本我演講時需要一頁一頁地點擊電腦畫面換頁，但卻要借別人的手操作，這樣是無法依自己的速度進行的。

　　為了避免發生這種事，我總是自己帶十公尺長的螢幕連接線。另外，在有的會場上，常常還會碰到其他的演講者帶了別的機器而需要共用投影機的情況。這時在會議進行中便要插拔連接線，並不是很方便，所以切換器和預備的連接線我也都會自己帶，這樣在現場只要切換開關就能分開使用。

　　本來我也想自己準備投影機和螢幕，但這會受會場條件限制，加上若要買個實用的投

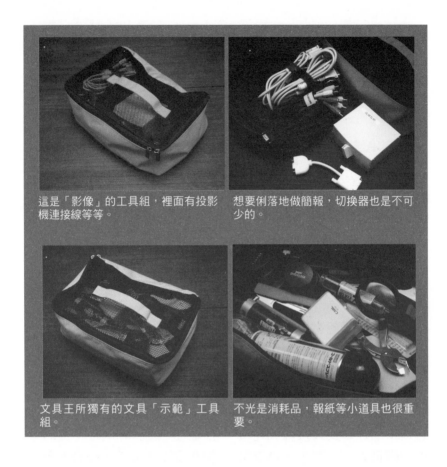

這是「影像」的工具組，裡面有投影機連接線等等。

想要俐落地做簡報，切換器也是不可少的。

文具王所獨有的文具「示範」工具組。

不光是消耗品，報紙等小道具也很重要。

影機，那就得準備花20萬日圓以上。投影機不但重，若再加上螢幕，一個人就不可能坐電車或是搭飛機出差。雖然最近市場上也開始出現小型的投影機，可惜距離實用階段還很遙遠。

【示範】文具王專用的示範工具組

這是我在進行文具現場示範時所用的特別工具組，裡面放著示範時要給別人看的文具。示範所介紹的文具常常會有重複，若每次演講都用新的實在是浪費，所以示範用的文具會儘可能會用現有的東西。

另外，讓人實際試用時一定會需要的影印紙（白、彩色）、釘書針、替換用筆芯、電池等的消耗品我也會都先充分準備好，還有，實際寫過的

筆記本或是給人看放大鏡時用的報紙等有說服力的小道具，我也會一併先準備，這組工具裡放的就是這些東西。

各位如果在工作上也有常用的工具，希望我的作法可以作為大家的參考。

07 把出差的工具單位化《2》

【西裝】用「1、2、Finish」西裝袋

介紹完音響和示範等工作類的工具組之後，接下來我想來說明日常用品的類組。首先，就從前一天穿著便服前往目的地，然後隔天換成西裝這種情形所使用的西裝組說起。

我的西裝是放在由JAL Skyshop購入的「1、2、Finish衣架西裝袋」裡，這個西裝袋標榜是用兩個步驟便可把西裝折疊好，所以叫做「1、2、Finish」——名字取得真好！看來，這類功能性的創意商品取的名字非得帶點幽默吧！

在西裝專用衣架吊好的狀態下，把外套的兩肩往後折，如此衣架不需取出就可直接折疊，恰好收到所附的西裝袋裡。而西裝褲也只要把它捲在專用的板子上折好，三兩下便能收進這個西裝袋裡。

若是使用一般的西裝袋，袋子的寬度就是西裝肩膀的寬度，會佔掉很大的空間，攜帶不方便。但若是像平常整理衣服一樣把西裝折好再放入行李袋，西裝又會變形，很令人頭痛。

「1、2、Finish」西裝袋除了可放西裝和西裝褲，還可以放進大約兩件的襯衫，洗衣店送洗回來的衣服可以直接剛好地放進去，沒有問題。

【替換衣物】用PP板統一規格

T恤等汗衫類的衣服，我會準備定型用的PP板，只要對準板子折衣服，就可以尺寸一致地收進袋子裡。板子最好是平滑堅固的PP材質，可以在Home Center等商店買得到，另外大型手工藝材料店所販售的發泡型（裡面有小氣泡，很柔軟）袋子底板，也很

「1、2、Finish衣架西裝袋」的專用
衣架。取的名字還真是直接了……

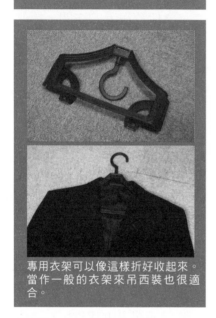

專用衣架可以像這樣折好收起來。
當作一般的衣架來吊西裝也很適
合。

容易加工，非常方便。

　　現在就來具體地說明這個
方法。首先，把PP板裁切成
長方形。寬度是比最後想摺疊
衣服的寬幅左右各縮短約一公
分；而長度方面，長一點雖然
會比較容易折衣服，不過太長
了也會不方便收納，所以適當

就好。

　　使用的方法首先是把T恤
放在平坦的地方攤開，然後再
把板子放在衣服中央的上方
（請參考下頁照片）。若是像
T恤等有圖案的衣服，只要把
顯眼的圖案那面朝下，折好的
衣服從外表便可以看到圖案，
極容易分辨。

　　把衣服對準板子後，從左
右兩邊開始折，折成細長的長
方形，然後再以板子為準，把
衣服上下對折。

　　太長的衣服要先把一邊稍
微折起來後再開始對折。若先
在板子上做個長度基準的記號
就會更方便。

　　折好後，就這樣把衣服收
到衣櫃裡，不過若考慮出差時
的收納性和取出的方便性，我
會把它再折三次，並把衣領部
分向內側折，外側就不會有凸
出的部分，可以剛好放進小袋
子裡。

　　至於小袋子，像無印良
品的袋子有加了適宜的襯料，
十分堅固，非常方便。袋子裡
面剩下的空隙還可以裝進內褲
或是襪子，變成很結實的立方
體，這樣要從裡面挑出喜歡的
衣服也很容易。

　　由於把衣服的大小都弄成

現在來摺疊西裝。
在專用衣架吊著西
裝的狀態下折西
裝。

西裝折好後收進西裝袋裡，把它「單位
化」。

把領帶也一起放進去
吧。再來是西裝褲，
要使用墊子。

把墊子放在西裝褲上，再開始折褲子。

把折好的褲子和襯
衫放進西裝袋裡。

整套「西裝」組
便完成了。

對準PP板從左右
兩邊開始折。

現在來摺疊要放
在「替換衣服」
組的T恤。先把
PP板放在衣服的
中央上方。

把衣服對折後，
再把PP板拿掉。

把衣領的部
分往回折、
再回折。

回折到像這
樣，便能把
好幾件T恤
放進整理袋
裡。

這是袋子用的底板。

一致再密實地裝進袋子裡,所以可以減少空間,使打包能更小巧。

若擔心衣服會變回原狀,那就把板子也一起放進皮箱吧。若先把板子的尺寸作成袋子大小,那麼板子便能一起放進去。

而由於用過的衣服可以同樣折好再重新密實地裝回去,便可以避免回程時行李變大。折衣服因為是對著板子折,屬於身體的機械動作,打包行李不需要用大腦,所以非常輕鬆,希望大家能試試看。

這個定型板也可以使用在衣櫃抽屜的衣服收納,它可以讓人很簡單地把衣服都折成大小一致,真的是超方便。

不管是文件還是衣服,規格都要盡量統一!用這種方法就算出差的天數很長也OK。當然襪子已經用前面說過的襪子處理技巧(P37)統一,所以只要把天數×二隻,一邊數、一邊把襪子丟進行李袋裡便OK了。

【儀容用品】刮鬍刀要自己帶

如果是在國內出差,可以不用自己帶洗髮精和毛巾等。不過因為我怕會得毛囊炎,所以就算旅館有準備,我還是會自己帶愛用的三片式「Gillette M3 POWER」吉利牌動力刮鬍刀(現在我家裡用的是五片式的「Gillette Fusion 5+1鋒隱刮鬍刀」。因為我把東西放在出差的整理袋後就沒在管了,所以舊的東西就常常這麼放著)。再來是髮雕,有這些便足夠了。

以上所介紹的,不管是音響機器還是替換衣服,通通都是同樣大小的立方體,所以再來只要把它們放進皮箱或行李箱等容量適合的袋子裡,一切準備就大功告成了。

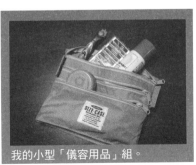
我的小型「儀容用品」組。

【展覽準備工具箱】
要避免和平常用的東西混在一起

　　「把出差的工具單位化」最後要介紹的是為因應公司業務的需要，依不同的用途所分成的三組工具箱。

　　首先是「展覽準備工具箱」。我們公司（Sunstar文具）在參展時常常要自己做某種程度的準備。

　　如果在現場只因為少了雙面膠帶或是釣魚線這類的小東西，便會使作業停擺，或是還要再特地跑去買，會因小事而降低了作業效率；而且，這些工具若和平常作業用的東西混在一起，要用時就必須再一一集中、挑選，不僅非常麻煩，有時還會漏掉某些東西。

　　所以，我會準備各個作業的工具箱，預先把每箱要用的工具放好。

　　雖然展覽時我會請工作人員把這些工具箱和其他東西一起搬到會場，但因為這是做展覽前準備要用的東西，所以必須選用鮮豔顏色的箱子。

【展覽示範工具箱】
可以避免錯失機會

　　前面所介紹過的「示範」工具組是為了一個人進行小型現場示範所準備的東西，而這裡的「展覽示範工具箱」則是公司在參展等場合時所使用的東西。示範講台下若有先準備這個工具箱，就會很方便。

　　裡面放的東西除了和「示範」工具組一樣，有示範要使用的文具以外，我另外還會放入大量的影印紙等消耗品，以及電池和小道具。

　　「示範」工具組可視自己實際示範內容的需要，只準備特定的東西，而「展覽示範工具箱」要準備的東西，除了要能說明公司的新產品外，另外還要能夠廣泛地介紹公司現有的產品。

　　在展覽會場等場合中，要是不能當場回答觀眾的詢問，機會就會白白溜走，所以，在儘可能的範圍內我會先準備許多產品，以及讓人試用的備用品。

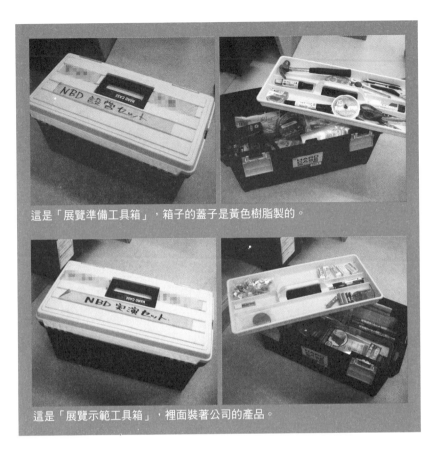

這是「展覽準備工具箱」，箱子的蓋子是黃色樹脂製的。

這是「展覽示範工具箱」，裡面裝著公司的產品。

「倉庫作業工具箱」
倉庫專用的工具

「倉庫作業工具箱」是在倉庫盤點或是出貨等作業時要使用的工具箱。

在倉庫作業時手套很重要，可以防止受傷，讓作業變得很輕鬆。雖然有些倉庫可以讓人借工作手套，不過我絕對還是用自己的。

照片裡的手套是我在 Home Center買的，它與我的手大小正合，所以即使是細小的東西也能很容易抓起來。

由於我的手套做了防滑加工，在用手抓住紙箱的側面或是蓋子，要把紙箱抬起來的時候就會非常輕鬆。

從左右兩邊按住紙箱或是用手抓住紙箱邊緣，都不需要費力去握住滑溜的紙箱，直接抬起來就行，使工作輕鬆許

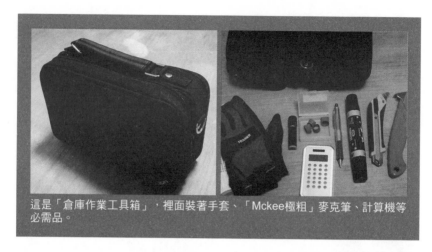

這是「倉庫作業工具箱」，裡面裝著手套、「Mckee極粗」麥克筆、計算機等必需品。

多。

斑馬牌的「Mckee極粗」麥克筆，平常使用或許會讓人覺得太粗，但若用在紙箱上寫字卻很適合。即使在距離稍遠的地方或是微暗的倉庫裡，字也能看得很清楚，這點十分重要。

計算機、便章、各種筆等等，在盤點時都是必需品。上方照片裡的計算機雖然我並不是很喜歡，但因為很少用，所以就把它放在工具箱裡。

由於倉庫盤點時會碰到要訂正品項或數量的情況，所以我用的是自動鉛筆。即使戴著手套也要能好拿又不會疲倦，所以我是用Pilot百樂的「Dr.GRIP」，這就看個人的喜好。

以上三種工具箱介紹了許多東西，其實重點在於「配合不同的作業所需要的東西會不同，若能把要用的東西先集中整理、準備好，要用時就不用再一一考慮」。

這就和雷鳥二號（譯注：英國科幻人偶影集「雷鳥神機隊」中出現載運救難器材的超音速大型運輸機。1965年在英國首播後不久即造成轟動，故事是敘述秘密的國際救援組織「雷鳥神機隊」的英勇事蹟。）要出動進行救援時會因應受災地的狀況，而選擇不同需要的貨艙。

正因為我事先假想了幾種可能的災害狀況，把工具打包準備好，所以才能迅速地進行救援行動。若平常就把工具準

備好，就算碰到臨時的工作或是要出差等情況，也不至於手忙腳亂。

相當於雷鳥二號救難器材貨艙的三個工具箱。

萬能清潔劑——消毒用酒精

我把酒精裝填到無印良品的噴霧瓶裡使用。

不經意發現，沾了灰塵的螢幕、被手的油脂弄髒了的鍵盤、沾著臉部皮脂的電話，還有大大小小各種工具上的汙垢……，大家對桌子周圍的污垢煩惱時會怎麼辦呢？

當然，這些在身邊的污垢許多是我們自己造成的，由於含有油脂或香煙尼古丁等成分，所以光是用衛生紙等乾的東西或普通的水去擦拭是擦不乾淨的。

桌子或椅子若用絞乾的抹布使勁地擦是可以，但鍵盤或電話這類的東西，我就不想這麼做了，因為會留下水漬。

於是我試了好幾種清潔劑，最後的結論是：身邊若要放一罐清潔劑，「消毒用酒精」最好。

酒精又稱為「乙醇」，是酒的主要成分，一般藥局都能買得到。由於它對皮脂污垢或是香煙尼古丁等溶解力非常強，所以對付大部分的污垢都十分有效。

我把酒精裝填到市售的噴霧瓶（市面上賣的空瓶，若為裝過東西的舊容器請勿使用）裡使用，用它直接噴灑桌子或辦公室的機器後再用衛生紙擦拭；而鍵盤或手機等數位機器，我則是用噴過酒精的衛生紙擦拭。

在家裡也是一樣，大部分人為的污垢（塗鴉或貼紙等）和除了用水的場所（廚房、浴室、廁所）以外，生活上的所

有污垢，只要有這個就行了。

　　灰塵的髒污大部分也是因為裡面有油脂所以擦不掉，用消毒用酒精擦就可以變得很乾淨，看了也會讓人神清氣爽，我在家裡和公司都各放有一瓶酒精噴霧瓶備用。

　　就當作是被騙一次也好，

我希望各位也試試，把眼鏡或手機、鍵盤等東西用酒精擦擦看，我想你一定會愛上它。特別是抽菸的人，如果去擦拭已經被尼古丁燻黃的電腦側面等處，就會明白它強大的清潔效果。

由於高濃度的酒精會引起火災的危險性，所以請多加小心煙火，邊抽菸邊噴灑酒精等舉動是非常危險的。另外，有些塑膠產品的塗漆等會溶化，請先在不明顯的地方試看看看。還有，手上的油脂也會被去掉，所以用它來大掃除時我建議要戴上手套。

最頂級的記事卡──紙牌

這是「Bicycle」單車牌的「Blank Face」空白撲克牌，只有在魔術用品專賣店才買得到。

我一直不擅於在腦子裡處理資訊，到現在我還是要在紙上整理自己的想法，在筆記本、影印紙、便條紙或卡片上寫寫擦擦的。把在腦子裡處理困難的資訊取出來放在眼前實際存在的紙上，用手處理並加以組織，就像在補充自己腦子的「記憶體不足」一樣。

在這些紙當中，我主要用來作為每天檢查清單的是一種「紙牌」──也就是空白（一面空白）的撲克牌。

每天要處理的工作，像是寫報告、處理傳票、數位機器的充電或補充品的確認等等，我都是用紙牌來檢查而不是用清單。在利用空檔隨機地處理完事情後，如果用的是清單，要是沒去檢查並把完成的工作消掉，就會忘記哪個是「完成」了；而用的若是紙牌，只

要把處理完的事情拿掉，那麼剩下的就是還未處理的（每天早晨再重新開始，把還未處理的紙牌放回即可）。

而最適合這種方式的就是空白的撲克牌。我使用的是「Bicycle」單車牌的「Blank Face」單面空白的撲克牌。這種撲克牌的紙張強韌有力，質感平滑、舒適，而且耐用性超強，不愧是在悠久的賭博歷史所孕育出的東西。從這層意義來看，撲克牌可算得上是「最頂級的紙牌」了。

我在這紙牌上用油性筆寫上每天都會碰到的一些瑣碎事情，像是「請款」、「數位相片備份」、「iPod充電」、「檢查影印紙的補充」等等。目前我把紙牌分成三類：「每

126

天的例行工作」、「現在進行的工作專案」和「檢查清單及格言」。關於工作專案，要是沒什麼幹勁，我就會把這堆紙牌有字的那面朝下、重新洗牌堆好，然後從中抽出一張，出現什麼工作就做什麼（笑）。我也會預先只做一張「恭禧中獎」來決定今天是否要值班或是「今天的午餐」等等。

由於這種紙牌成本高而且必須用油性筆書寫（擦不掉），所以一開始要用時我還十分猶豫，不過後來我就乾脆狠下心一次寫完了20張。若要說奢侈也算是奢侈，不過它有手機等To Do List（待辦事項）所沒有的樂趣，我非常喜歡。

用油性筆寫了字的紙牌。
早上起床後，我把「每天的例行工作」紙牌全部放進左邊的口袋裡，不需要或是完成的事情就把它移到右邊的口袋，就這樣把左邊的口袋變空為止。
「進行中的工作專案」我把它放在辦公桌的抽屜裡每天檢查，當天沒處理的就把它拿掉。
而所謂「檢查清單及格言」指的則是像「○○三則」「檢查○○的五個項目」等等。這類的清單在還未掌握之前最好常常檢查。像工作上必要的「待提交文件一覽」、「目錄攝影的檢查項目一覽」等常常會要用到的清單都屬於這類。我也會把感人的格言等文字一併寫上，讓自己偶爾可以查看。

用類比的觀點
運用數位工具

數位

之章

雖然我對所謂類比式（紙本）的文具甚為熱愛，但其實我同時也是數位工具的常用者。本章將針對這些工具的運用方法來介紹文具王思考術。

把紙掃描數位化的類比與數位轉換，運用類比的靈活想法以及數位化的決心，是本章重點所在，包括：

1. 正確掌握數位、類比工具的優缺點。
2. 善於運用數位和類比的差異。
3. 把大量紙張掃描後，用管理、瀏覽工具來加以運用。
4. 利用雲端服務達到資訊一元化。
5. 善加利用最新工具的長處。

雖說使用文具，其實在工作上拿筆的機會已經不如使用鍵盤了。這本書原稿的草稿雖然也是用筆寫在紙上，但最後還是用鍵盤打字，再利用電子郵件、雲端服務傳遞資料完成。今後這個領域的變化將越來越大，希望大家能掌握這些工具本質上的優缺點，在數位及類比兩者間取得平衡、適切地運用。

數位工具是強而有力的文具

我自小學起便很喜歡用文具等手邊工具來解決日常生活上的問題，到現在基本上都沒改變過。我之所以會被稱作「文具王」也是因為這個「喜歡文具的小學生」持續這個喜好近26年的結果。所以讀者若閱讀至此，應該就能了解我基本的想法是比較屬於類比派的。

不過另一方面，其實我也是數位工具的使用者。我是個資深的Mac使用者，iPod、iPhone、iPad，每隔一陣子出現的最新電子工具我都會試試。

因此有人問：「為什麼文具王也用電腦？」對我個人而言，這樣的區分我認為是沒什麼意義的。

原本文具就是一種當時最新的資訊記錄、整理和保存的工具，就算到了現在，它的角色依然沒變。也就是說，它和電腦、最新數位工具的目的其實是完全相同的。

所以我認為，文具VS電腦、數位VS類比這種用對比的方式思考事情，本身是沒有意義的。我們可以把電腦、數位工具都當成是一種非常強大、高性能的文具，也就是說，可以把電腦、數位工具像文具那樣使用。

不過若是認為數位工具性能強，所以可以把全部的東西數位化──這種想法就現階段而言我想都沒想過。類比工具有類比工具的方便性，而數位工具也有它驚人的威力，「兩者」的好處我都想要，而不是「選邊站」。

如眾所周知，數位工具變化快速，在本書執筆之際也還在劇烈變化之中。不但服務的內容五花八門，而且受電腦的規格、作業系統版本等的影響非常大，因此想在本書具體說明全貌那是不可能的，不過本章暫且還是在使用電腦的前提下，先來介紹有關數位工具的運用。首先，就從在類比及數位的「交界」處可以發揮強大威力的工具開始為大家說明。

活用文件掃描器

首先，我想大力推薦的是文件掃描器——也就是類比與數位的「交界裝置」。這是把紙本（類比）資訊變成數位資訊最強的工具。使用掃描器，就可以把記在紙上的大部分資訊存到電腦裡，我就是靠掃描器把文件、雜誌或報紙的剪報、備忘便條、草圖、名片、廣告單等等，把它們全部都數位化。

這麼做的好處，第一是不管存進多少資料量，儲存裝置也不會變大。而且，只要用適當的方法儲存，就能從所儲存的龐大資訊中很快地檢索到所要的東西。這種大儲存量及高檢索性，就是數位工具共同的基本優點。

處理記在紙上的資料時，若只有一、兩張，直接處理是比較方便，但若變成一千張、一萬張時，情況就完全不同。紙張數量到了這種程度，若不把它數位化，想要靠個人的力量去保存、運用資料，實在太勉強了。

在數位ＶＳ類比的討論裡，常常完全無視於資料量的大小，所提的最多不過是像數百張左右的圖片、資料要用哪種方式處理會比較方便之類的，實在是沒什麼意義，數位工具要發揮它的本事是從資料量多到紙張已處理不了。假如把用Google檢索的結果全部用紙張送到家裡，別說要去讀它，就連收拾都沒辦法。

所以相反地，為了實際感受數位工具的「方便性」，就必須下定決心，採取行動並嘗試。處理的資料量越多，數位工具的效果就越大，資料量若不到某個程度，效果就比不上紙，所以難免會產生挫折感。

這其中最大的問題是出在掃描、讀取資料作業的麻煩上。我喜歡的掃描器是PFU的「ScanSnap」雙面彩色掃描器，這是一種文件掃描器，可以自動把放好的紙一張張地送進機器裡，然後同時高速讀取紙張的雙面。而把文件放在玻璃面上再讀取資料的傳統平台式掃描器，雖然能掃描書本式的文件，適用範圍較廣，不過必須一張張、一面面地把紙張

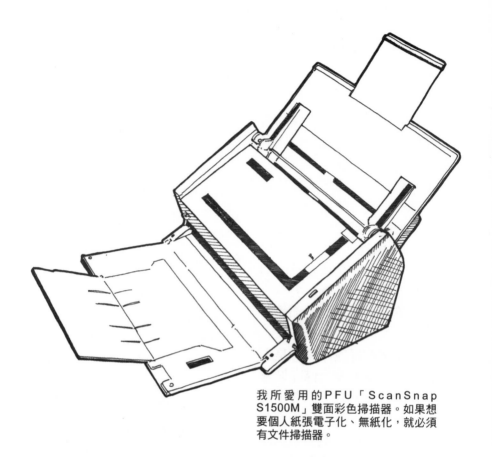

我所愛用的PFU「ScanSnap S1500M」雙面彩色掃描器。如果想要個人紙張電子化、無紙化，就必須有文件掃描器。

放好，十分費事。而文件掃描器則只要把紙整理整齊、固定放好，再按下按鈕，掃描器便能很容易地依序讀取好幾十張紙。

雖然許多公司的影印機或多功能傳真機也具有文件掃描器的功能，但要是想想「去公司再掃描吧」指望用公司的掃描器，那麼還沒掃描的紙一定會越堆越多，最後根本沒法處理，所以還是應該在桌上準備一台隨時可用的桌上型文件掃描器。

這種機器的缺點是只能讀取A4尺寸以下的單張紙，也就是說，即使是裝訂再薄的本子也無法掃描。若是平台式掃描器，就算是書本，只要把它攤開，掃描器就能讀取，即使很厚的文件，只要能把它放在機器玻璃面上，就能掃描。

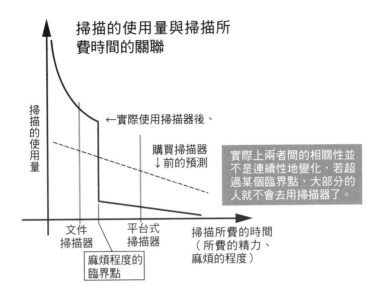

掃描的使用量與掃描所費時間的關聯

掃描的使用量

←實際使用掃描器後、

購買掃描器
↓前的預測

實際上兩者間的相關性並不是連續性地變化,若超過某個臨界點,大部分的人就不會去用掃描器了。

文件掃描器

平台式掃描器

掃描所費的時間（所費的精力、麻煩的程度）

麻煩程度的臨界點

與此相比,文件掃描器的限制較多,只能適用單張紙,而且紙的大小也限制在名片、收據到A4的尺寸。不過,即便如此,我還是推薦使用文件掃描器,因為,兩者掃描所費的時間和精力實在差太多了。

就像前面我一再提到,在日常作業上使用的「麻煩程度」與使用量會有明顯的相關,而且不是成正比。麻煩程度若超過某個臨界點,使用量就會突然減少,幾乎變成零。

所以為了將紙張的資料大量數位化,不管是作業上還是心理上都需要盡可能減少麻煩。文件掃描器和平台式掃描器的效率差別實在太大,因

此,若想掃描紙張的資料並運用,最好還是用文件掃描器。

有關雜誌、書籍等「有裝訂的文件」要如何掃描且容後述。另外,有時想把A3大小的文件存進電腦卻很傷腦筋,雖然ScanSnap有附可以讓A3紙一張張送進機器的「A3紙匣」（Carrier Sheet）,不過跟掃描A4以下紙張的簡便性比起來實在是太費事。所以我也唯有在必要的時候使用,平時則會先把A3紙用辦公室的影印機縮小後再掃描。

把六個櫃子的文件變成手掌大小

我們把用文件掃描器（我是用ScanSnap）大量掃描文件的好處用數字來表示看看吧。

若把一般公司寬900mm的鐵櫃拿來裝A4文件，那麼鐵櫃內寬大約為880mm，大概可放5層。把檔案文件裝滿鐵櫃時，假設檔案夾佔了寬度的20%，那麼文件本身的寬度一層大約是700mm。假定一張紙的厚度為0.1mm，那麼一層就可以放大約7千張，而5層則可放約3萬5千張。

然而，若是用ScanSnap掃描A4文件的正反兩面、把它作成JPEG資料，那麼即使是全彩也大約是3MB（設定為SuperFine高解析模式）。假設把它儲存在640GB的攜帶式硬碟裡，可以放21萬張，相當於大約6個鐵櫃。當然，若是把畫質調低或只用黑白掃描，那麼能放的數量更可加倍。

若把6個鐵櫃的文件照一般的型態放置，最少也需要一間6個榻榻米大的房間，而占了那麼大空間的文件，卻可以收進手掌般大小的硬碟裡。

（從平均一張紙的保存成本觀點來看，可以說也是一樣省事。各位可以試試把年年都在調降的硬碟價格，用可以存入的紙張數來除看看。）

儲存資料處不要多

在大量掃描時，希望各位徹底遵守一件事：「掃描存入的資料要儘可能放在同一個硬碟裡，然後再有效率地去運

想要保存的文件就把它掃描下來（圖片是放在iPhoto裡）。我把ScanSnap設定掃描日期作為檔案名稱，用「年月日時分秒」14位數來表示。

用它」。若是把資料儲存在多個硬碟或光碟裡，「到底存到哪了？」就又會製造出其他不必要的問題。從前面的計算便能了解，只要不是專門的掃描業者，要應付個人掃描的資料量，硬碟的容量是綽綽有餘，不用擔心。

把文件掃描存成圖檔的另一個好處就是可以把各種形狀、大小的紙張資料一起處理。如果是依照紙的形態來整理有關某件事的雜誌、文件、卡片等資料，要統一尺寸就很費事，但要是把它掃描起來，那麼各種大小和形狀各異的收據等資料便能全部一起瀏覽了。

在工作上，一個專案可能會有很多不同形式的資料混在一起，像列印的文件、小冊子、產品的圖片資料和記錄照片等，只要把文件掃描作成JPEG圖檔，就可以和數位照片一併管理。也可以把PDF檔、文書檔、Excel檔等也放進資料夾，一併處理。

備份也是用硬碟來進行

大量掃描的資料越多，就會越令人擔心資料的備份，所以現在一併來談談這個問題。

我推薦的備份方法是用大容量硬碟的整批備份方式。

一般常認為CD-R、DVD-R等光碟比硬碟更適合長期保存，不過實際上，光碟有讀取性的問題，它以及劣化的危險。

此外，若用目前的銷售價格來計算平均1GB資料的單價，DVD-R（裝在收納盒裡）大約是10日圓，而CD-R（裝在收納盒裡）則大約是70日圓。另一方面，1TB的外接硬碟是大約8日圓，CD-R、DVD-R都比硬碟貴（這是2010年6月現在的價格。若大量購買、沒附盒子的話，那麼DVD比硬碟便宜），可見硬碟的好處就比較大。

而且用CD-R、DVD-R，每次做備份就要花錢，若一張光碟放不下，就必須分割檔案。而最重要的是，只有用硬碟才能做差異備份，硬碟若使用同步備份軟體，就能將檔案變更的部分自動備份，而且是在不知不覺中每天進行。由於硬碟是不知何時會突然壞掉的消耗品，所以備份的間隔是越短越好。

（當然這個備份硬碟也潛藏故障的危險，不過，平

從收據到快遞送貨單，這些大小不一的文件，只要把它掃描起來就能輕鬆地瀏覽。

常用的硬碟和備份用的硬碟同時壞掉的機率很低，若真的不放心，與其另外再備份到CD-R、DVD-R，那還不如另外買一台硬碟把資料全部再備份，更加快速安全。）

03 掃描文件後直接丟棄

讓文件直接進垃圾桶

為了充分活用文件掃描器大量掃描的好處，我想了一個好辦法——就是在ScanSnap的正下方，擺一個可以直接裝A4文件的垃圾桶，讓掃描後的文件直接掉到垃圾桶裡。

大量掃描時，機器送出來的紙張會不斷地堆在出紙托盤上，每次只要堆積到某種程度，若是不把紙張拿掉，托盤上出紙會受到干擾，紙張會變得亂七八糟，要處理這些情況十分麻煩，於是我就在出紙的下方放了一個垃圾桶，讓紙張直接掉進垃圾桶裡。雖然一開始是為了方便整理才這麼做的，不過後來發現在大量掃描時用處更大。

把出紙托盤收起來，掃描後的文件就會從機器直接跑到出紙口的斜面下方，所以只要在出紙口的正下方放一個垃圾桶就行了，而垃圾桶口的寬度要比A4紙的縱長大較方便。若是還要保留文件，只要把出紙托盤展開放回，紙張就不會掉進垃圾桶。

雖然這是為了減少丟掉

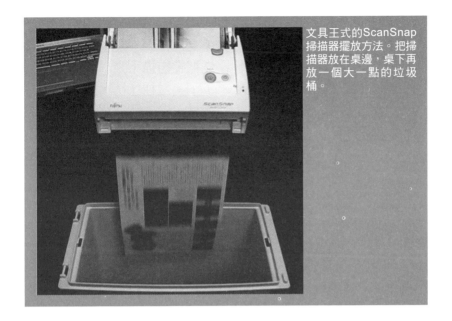

文具王式的ScanSnap掃描器擺放方法。把掃描器放在桌邊，桌下再放一個大一點的垃圾桶。

紙時的麻煩所設的一種裝置，不過也是為了斷絕對紙的某種「依戀」，希望習慣「掃描後就把紙處理掉」的一種裝置。一般人就算把文件掃描了，還是無法把原來的紙丟掉，但是就算保留了文件，文件越龐大，能運用的機會就越少，最後就會變成閒置的垃圾。所以，藉著在文件掃描器的下方放一個垃圾桶，主動把紙給丟了。

這個垃圾桶必須作為掃描文件專用，不可以丟一般垃圾。要是碰到掃描不完全或是心想「那一張還是先保留下來好了」等情況，還可以把原來的紙再找回來，所以能讓人很放心。把要丟掉的東西先暫存起來，這點和電腦螢幕的「垃圾桶」功能極為類似。

手寫的文件更需要掃描下來

要掃描的文件會依個人工作的種類等等而有不同，像我點子的備忘等手寫文件很多，這些手寫的備忘記錄有時是寫在手邊的紙片或是其他文件裡等等不一。

這些備忘記錄雖然可以用電腦或是手機馬上把它文件化，不過，看文件化了的東西，點子還能同樣再現嗎？要是不能的話那就麻煩了。

手寫的備忘記錄並不是單純的文字資料，裡面還包含了各種的要素：文字的大小、下引線、圓圈框線、圖形、圖畫以及各個的位置關係等，以後若再重看，甚至連當初靈光乍現時的心境也會歷歷在目。這些要素全都是手寫備忘紀錄的資訊，若沒真實地保存，往往會失去意義。而就「真實地保留下來」這點來說，沒有比掃描更好的方法了。

　　再說，手寫的備忘記錄比一般的文件遺失的危險性要高，為了避免如此，在「避免文件積壓」之前，反而應該先把它掃描下來以「避免不見了」。這種作法，才能把手寫獨具、絕對無法轉換成文字資料的點子「臨場感」完整地保留下來。

選擇筆記本類型以便掃描

　　若一開始就配合以後掃描的需要去選擇筆記本、備忘便條，進行掃描時就會很方便。譬如在「立即」之章所介紹的「口袋型便條記事本」，產品

手寫的點子備忘記錄，正因為被「真實」地保留下來才具有意義。

本身便是以方便掃描為基本概念，寫完的A4紙與掃描器就非常相配。

另外，我在整理想法時所使用的筆記本是Maruman的「Mnemosyne Imagination A4」，它雖然是紙質密實的A4雙環筆記本，不過裡面有折線，把紙撕下來就是A4尺寸的單張紙，所以若不再需要持有紙本，便很容易進行掃描。

另外我還會使用活頁記事本、活頁紙、LIHIT LAB.的「TWIST RING NOTE」筆記本等，若使用紙張可拆卸式的本子，就很容易進行掃描，數位化便會非常輕鬆。

另外，在「省事」章介紹過的手寫備忘用的黃色紙等有色影印紙，放在桌上很容易辨識，把它掃描下來後，在PC畫面上檢視的縮圖也會呈現黃色，不用加特別的標籤也

若為了方便掃描而先選好紙張產品，那麼便能輕鬆地進行電子化。由右而左依序為我的活頁記事本（文具王手帳）、「TWIST RING NOTE」筆記本、黃色影印紙、「Mnemosyne」。

很容易找，有這種好處。在紙張方面花點心思，就可以讓數位化變得更輕鬆。如字面所示的「花點心思」，只是先選擇要使用的系統類型，後面便能省很多事，可見思考是有助益的。

04 把雜誌、書籍拆解後掃描

把書掃描再閱讀，好過看電子書檔案

隨著iPad的上市，書籍、雜誌可以用電子書的方式傳布已成為坊間的話題，不過其實買紙本的書來掃描會更好。即使是看小說這類不會跳躍式閱讀的書籍，在閱讀的速度上還是以紙本的排版方式明顯地快多了。而在常常只挑重點看的商業書籍，或是只讀有興趣文章的雜誌，閱讀紙本和電子書的速度差別又更大了。

電子書正在進化，所以無法斷定以後絕對會怎麼樣，不過目前除了影片、互動式的表現內容等之外，若是傳統式的內容，初次閱讀用紙本會好很多。而如果要電子化，為了以後要再閱讀或是參考，則可以視需要再掃描。

尤其是一般的資訊雜誌，實際上有興趣的文章零零星星，「除了自己需要的頁面外，其他大部分完全不需要」。會想掃描下來的文章，最多也就是把專集報導整個擷取下來。如「立即」之章所介紹過的，只要在第一次閱讀紙本時，把需要的頁面拆下來掃描，一口氣把紙本濃縮，以後的存取效率就會變高。而若是使用電子雜誌，由於內容超過需要的頁面，只想看需要的文章時就會變成一種妨礙，所以即使花點時間，第一次閱讀時就把需要的部分拆下來掃描，這樣做會產生很大的效率。

書籍的數位化，要在閱讀紙本時先直接在有興趣的地方用鮮豔的顏色劃線，那麼數位化後的縮圖就很容易尋找，十分方便。我想「一開始時閱讀紙本，再把需要的部分掃描下來」在目前對我應該是最好的方法。

直接把書給拆了

接下來要來介紹把書拆解以便掃描的方法。

我相信有人對於把書解體、掃描然後處理掉這種作法，比起把文件的原版掃描後丟掉更難以接受，我絕不是不愛書，像我就有很多文具相關的過期雜誌、目錄等書籍，想把它們都保存下來，但如果不乾脆地把它們處理掉，就會以可怕的速度不斷地增加，佔掉空間，讓人反而失去閱讀的機會，我這從經驗上學到教訓。把書拆解掃描並不是要把書「殺了」，相反地，這是為了要「好好利用」它才這麼做。

【騎馬釘雜誌的拆法】

騎馬釘裝訂（譯注：就是把相同尺寸的紙張對折，並沿著紙張中間折線釘入釘針）的雜誌是用大釘書針裝訂成的，若直接用手把它拔掉，容易弄傷指頭或指甲，所以必須使用專門的工具。這裡我所推薦的是Sunstar文具的「PRO拔釘鉗」。

把釘書針拔掉後，再沿紙張的中間折線處裁切成兩半。我建議張數少時，用拆信刀來裁切，而張數多就用後面會提到的裁紙機。

【膠裝書籍、雜誌的拆法】

書背平坦的膠裝書籍若用一般的美工刀無法處理，這

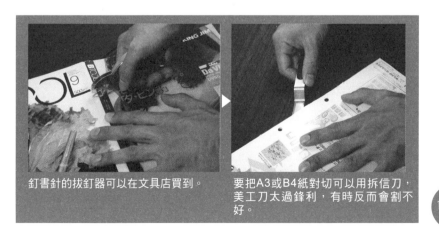

釘書針的拔釘器可以在文具店買到。

要把A3或B4紙對切可以用拆信刀，美工刀太過鋒利，有時反而會割不好。

裡我建議不妨買裁紙機來用。用裁紙機把書背的部分喀嚓切掉是最簡單的方式，我所愛用的大型手動裁紙機，書的厚度是在15mm以內，可以一次切好，應付大部分的雜誌都沒問題。而超過這個厚度的雜誌、書籍或是目錄，我就先把它分成兩半再用裁紙機裁切。

或許有人會認為用大型裁紙機也太誇張了，但要是不裁切而直接用平台式掃描器掃描，即使只塞入一本雜誌也沒辦法自動掃描。不過若是先用裁紙機裁切，那麼掃描器甚至一次能處理十本。為了讓自己輕鬆，對工具和做事的環境應該還是要徹底有所堅持。

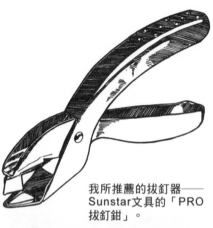

我所推薦的拔釘器——Sunstar文具的「PRO拔釘鉗」。

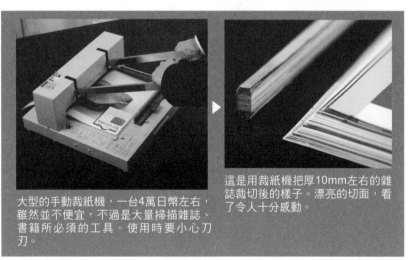

大型的手動裁紙機，一台4萬日幣左右，雖然並不便宜，不過是大量掃描雜誌、書籍所必須的工具。使用時要小心刀刃。

這是用裁紙機把厚10mm左右的雜誌裁切後的樣子。漂亮的切面，看了令人十分感動。

明信片──親朋好友的資料庫

　　筆者常用ScanSnap掃描的紙張之一就是明信片，這裡所說的明信片是指親朋好友寄來的賀年卡或是問候卡，把這些明信片掃描數位化的好處非常多。

　　有時和以前的同學聊天，大都會問到「那小子現在不曉得怎樣了」，不過大都只記得「我記得確實有收到他的賀年卡，不過……」。

　　有不少人所得知的最新消息就是靠每年朋友或是遠方親戚等人寄來的賀年卡，而即便如此，許多人在新年看過賀年卡後就隨便收起來，等下次再看時已經是要開始寫賀年卡的年底12月了。在這期間即使想看看，不過因為光是要找出來就非常麻煩，結果到年底之前還是想不起來放在哪兒。怎樣？我說的沒錯吧！

　　這時要是有掃描的資料，賀年卡就會活起來了。並不是因為賀年卡上面有對方的地址（這大概要等年底時才會有需要），其實裡面還裝了非常多的訊息，例如可從照片裡看到家人或小孩的成長、在隻言片語裡寫下對方的近況、從卡片的設計感顯露出對方的個性等等。而在元旦那天三兩下就把賀年卡給看完，對收到那麼多的卡片感到很滿足，然後就結

iPad是看明信片等掃描資料最佳的文件瀏覽器。

束了——這實在很可惜，而且也對不起寄賀年卡的人。

賀年卡的形式選擇因人而異，不過由於我愛用的ScanSnap可以同時掃描紙張的正反兩面，所以處理起來非常輕鬆。希望手邊有積存賀年卡等卡片的人也來試試，先掃今年的部分，接著去年的部分，務必把舊的明信片也全部拿來掃描。

坦白說，若把去年以前的賀年卡通通放進檔案夾，那麼最後就只會看見檔案夾的書背了，但要是把它做成數位資料，將去年的部分、前年的部分集中起來，就會意外發現很有趣。許多賀年卡大大地反映了對方該年過的如何，若是每年用小孩的照片設計卡片的人，從卡片裡可以看小孩的成長；也有總是寄制式賀年卡的人，才結婚的隔年寄來的賀年卡裡變成全家福的照片；還有，看對方連續五年的每年感言，也可以看到許多連本人恐怕也忘記了的事。

若把掃描後的明信片同步到iPhone或是iPad上，不僅會更有趣，而且更方便。可以邊看PC的通訊錄同時確認今年的賀年卡等等，沒有比用這些裝置看掃描後的卡片更有趣、驚奇的了，希望各位也務必來試試。比方說遇到寄賀年卡給自己的人時，就把他幾年來的賀年卡調出來，當場讓他看，相信對方也記不得所寫過的內容，所以兩人一定就會聊得很熱絡（例如賀年卡上有對方小孩的成長記錄等等）。

06 把拿到的名片掃描下來

拍對方的頭像

名片的保存方法也由於軟硬體、雲端服務等的進步，便利性正戲劇性地提升中，所以讀到本書時或許您已經有了自己的方法，不過我想還是向大家說明我的思考過程，同時介紹文具王數位化的基本方針與優點。

買到iPhone 3GS後，當我拿到名片時，就會把對方的頭像和名片前後兩張連續拍攝下來（由於3G無法近距離攝影，所以我使用Griffin

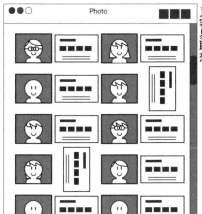

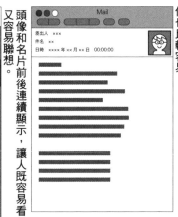

頭像和名片前後連續顯示，讓人既容易看又容易聯想。

電子郵件上若有顯示寄件人的頭像，對方（收件人）就會很有印象，這樣對方要回信也比較容易。

Technology公司製近拍特寫鏡頭的iPhone 3G保護殼）。當然，對方的頭像是經過同意後才拍的。對同時和好幾位交換名片後無法馬上記得對方的臉和名字的我來說，有了照片，幫助實在太大了，所以我都會看當時的氣氛，儘可能地取得對方的同意。

這時為了讓拍照容易進行，我便在自己的名片上貼上頭像的貼紙。名片上一貼有照片，對方看了幾乎都會說「不錯喔，有照片就很容易記起來。」這時機會就來了，我可以很容易地說：「我也想記得您的樣子，所以請讓我幫您拍個照好嗎？」

拿到名片時就當場拍攝對方的頭像和名片，好處很多，當然，可以知道對方的長相是最大的好處，另外，因為相當時就儲存在iPhone裡，所以遺失的危險性變低，而且越是新的名片要參考的可能性就越高，能夠用iPhone立即查閱最近拿到的名片真是十分方便。此外，由於拍攝資料上有記錄拍攝的時間，所以能正確記錄名片交換的時間，之後只要在登錄通訊錄時把頭像貼上即可，以 Mac為例，由於每次收到Mail，對方的臉就會顯示在郵件的一角，這樣便很容易記得對方的臉，不但印象深刻，回信也會變得較容易。

當作通訊資料來保存

我換了iPhone 3GS後，由於它具有GPS功能，所以名片資料除了頭像、名片內容、時間，還可加進地點資料。而由

於畫素的提升及近距離攝影功能的增加，連輔助鏡頭也不需要了。

後來因為市場推出ScanSnap用的「CardMinder」名片辨識軟體，所以與別人交換名片後，一回公司我就馬上拿去掃描，半自動讀取文字資料後再檢查，最後是登錄，只要把頭像往上面一貼，一切就很完美了。

為了以防萬一，我還是會把原始名片放進依日文字母順序排列的盒子裡，不過基本上都不會再查看了。存成圖片檔案當然也是很方便，不過我想還是把電話號碼、電子郵件地址等作為文字資料保存管理，在iPhone、電子郵件上應用。

另外，關於文字的辨識，由於要視名片的字型而定，目前還不是很完善，所以就如同「省事」章裡所說的，在通訊錄登錄後，先利用郵件的固定格式發一封寒喧的信給對方，看看寄信是否成功以便確認郵件地址的正確性。而對方若也是用iPhone，那麼就可以

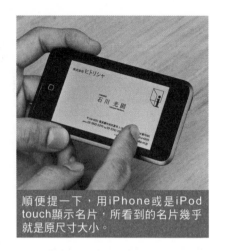

順便提一下，用iPhone或是iPod touch顯示名片，所看到的名片幾乎就是原尺寸大小。

藉「Bump」軟體直接互傳資料，目前也都可行了（以前則是用紅外線交換資料）。

最近用「WorldCard Mobile」等iPhone應用軟體，拍攝後，可以當場讀取辨識文字、馬上追加通訊資料，這樣就不需一一拿名片去掃描了。最近我也換了iPhone 4，由於相機畫像品質的改善，所以文字辨識的精確度也明顯提升。

由於SOURCENEXT將要推出「Evernote」專用的名片軟體，與雲端服務的合作更密切，我想未來一定會更方便。

我的「小叮噹百寶袋」

2010年4月，讓人企盼已久的Apple「iPad」終於在美國上市了。我原本打算等日本上市時再買，但是日本上市時間要拖到5月下旬，於是我就到處向朋友打聽，勉強拜託朋友特地從美國空運送過來，最後取得了Wi-Fi版。之後在日本上市時，我再把它換成Wi-Fi＋3G版使用。「有需要做到這樣嗎？」周圍的人這麼跟我說，不過，我就是想早點親自觸摸使用。

因為十五年以前我就確信iPad會上市，為了這一天，我已經準備很久了。這可不是在亂說，當然我並沒有想到現在手邊這個iPad的模樣，不過我就是堅信終有一天，一定會研發出「兼具驚人的高速、輕薄、高精密、大容量的高攜帶性數位圖像瀏覽裝置」。而且我也確信到那時至少能顯示JPEG檔，或是能轉換圖檔。

因此我從ScanSnap上市以前，就陸續購買過Visioneer公司的PaperPort系列（早期的文件掃描器，要一頁頁地讀取）以及Brother的多功能複合機，但只使用其中掃描器的部分，總之只要是以後可能要參考的紙張，我就會用各種方法盡可能地把它掃描下來。另外，我還會用數位相機全部拍下保存，這些照片的數量足足超過了10萬張。

所以拿到iPad後的隔天，我就馬上把數萬張的圖片放到iPad裡。前面說過的好幾個櫃子分量的圖片，就這麼一下子放到730g重的「板子」裡，隨時拿得出來。這對我來說，就像得到了「小叮噹的百寶袋」一樣。

2007年第一代iPhone在美國上市時（當時在日本還未

筆電、iPad、iPhone。從照片來看，三個兄弟，不只大小不同，擅長的技能也各異。

上市），即使在日本iPhone的電話功能並不能使用，但我還是從美國透過朋友購買了iPhone，這麼做也完全是基於同樣的理由：「因為它可以讓人很容易觀賞大量的圖片」。之前還有Sony「VAIO 505」筆電和「CLIE」PDA等也都是。平心想想「能攜帶大量的圖片，把想要的東西馬上拿出來看或是給別人看」，對這點我自己十分堅持，而現在突然，它以一個近乎理想的型態實現了。

和筆電不同的iPad所具有的意義

大部分iPad能做的事，筆記型電腦也可以作得到——啊，不，在功能上應該是筆記型電腦比較強。不管是圖片還是網路的瀏覽，筆電沒有一樣是做不到的。不過，兩者的差異，只要使用過馬上就會知道，兩個根本是不同的東西。

iPad是個可以靈巧地取出資訊的魔法板，不管是要討論公事還是在喝酒的地方聊天，都可以把它從包包裡馬上拿出來、啟動、找出檔案和顯示檔案。即使是自己要看存在裡面的圖片，也可以比筆電更快速地找到圖片。如果是要讓身旁的人能夠邊看邊談，那iPad最適合不過。要是好幾個人圍坐一起，尤其是面對面作簡報，它就是最強大的工具。

說簡報感覺好像太商業化，其實像拿前幾天的旅行照片給別人看，或是從網路上找到喜歡的商品讓別人看，這些也都算是「簡報」。

不用等對方說什麼，只要若無其事地直接把iPad拿出來放到桌上，然後三兩下把照片或是網站叫出來給對方看就行了。此時拿的若是很重的筆電，那麼就要多次轉向對方，讓對方看畫面，這其中動作的差別非常明顯。

另一方面，雖然用智慧型手機看照片也很容易，不過必須要把手機常常在對方和自己之間來回地傳遞、貼近著看。而若是iPad的話，則只要把它放在桌上，便可以邊操作邊讓對方看。圍著桌子和別人邊喝咖啡或是邊飲酒，同時一起看圖片交談，iPad就是能如此自然地讓我們做到這些事，沒有像它這麼棒的工具了。

iPad是小型數人會議時最強的瀏覽工具。

最強的瀏覽器應用程式「Photo」

那麼要怎樣瀏覽儲存的圖片呢？很簡單，我主要是用iPad的標準照片瀏覽軟體「Photo」來顯示掃描的圖片。雖然它是iPad時內附的程式，不過卻有著讓人可以只為了這個程式才購買iPad的魅力。

雖然市面上也出了許多其他瀏覽器，不過「Photo」軟體卻擁有凌駕其他軟體的優勢——那就是「速度」。「Photo」軟體的啟動、移動捲軸、顯示的速度都遠遠勝過其他大部分的軟體。

雖然，翻閱頁面的特殊視覺效果、文字檢索功能、照片的排序功能這些它都沒有，照片的畫素數也不能超過規定大小，不過，就是因為它把其他大部分的功能給刪掉，所以才能產生令人嘆為觀止的速度感。

為了達到這種速度，就要用PC端的同步軟體「iTunes」把要同步的圖片全部先重新轉換成所需顯示尺寸的圖片和縮圖，然後再存入iPad裡。

像我掃描雜誌時，由於考慮到以後使用的可能性，所以是用ScanSnap的「SuperFine高解析模式」存入檔案。不過由於這種解析度檔案會很大，一頁A4雜誌就將近3MB，這是印刷所需的規格，但若把它放在iPad上讀取，就會性能過剩。而iTunes就能將這樣的圖片全部一一重新轉換成最適合的大小，再送入iPad裡。

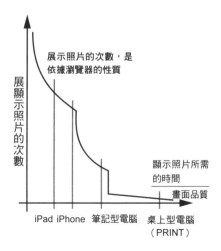

展示照片的次數，是依據瀏覽器的性質

展顯示照片的次數

顯示照片所需的時間

畫面品質

iPad　iPhone　筆記型電腦　桌上型電腦（PRINT）

因此圖片一多，剛開始做同步時轉換會很花時間，長到讓人幾乎快昏倒的地步，不過由於先做了轉換，所以存到iPad後的顯示速度就有如閃電般地快速，這是其他的應用程式所難以企及的。

iPad設計只能說是太妙了，即使檔案轉換後變小，但如果把掃描下來的圖片實際顯示便可得知，若是A4大小的文件，上面詳細的統計表或URL網址這種很小的文字都足以判讀。這種絕妙的作法，畢竟是iPad才會有的創意。

方便大量瀏覽的前置作業

「Photo」軟體的速度雖然驚人，但是檢索、排序等功能完全沒有。相簿或是資料的數量若是100個還可以，不過數量一多，要是沒有掌握順序，就會很難找到想要的檔案。

另外，由於移動捲軸基本上只能從最上方往下邊看邊找，所以如果可以，最好把常用的檔案放到前面的位置。

因此，為了取出照片，PC資料夾命名方式就變得很重要。以Mac為例，要先把「iPhoto」或「Aperture」的

僅僅是平穩地捲動照片縮圖，就令人嘆為觀止。

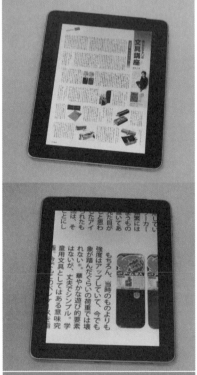

iPad上的檔案雖然比原始檔案的解析度差，但雜誌、文件的必的資料都能十分清楚地顯示。

相簿、命名排序後再同步。重點是同步時的名單順序，要把常使用的檔案放到前面。

若是按日語字母50音或是時間的順序，那麼常看的檔案跑到後面時存取檔案就會很花時間，（這點Aperture就比iPhoto自由度高，讓人比較容易上手）。

到目前為止，我的整理方法基本上盡可能不要弄得很複雜，不過由於iPad實在是個很有「魅力」的工具，所以雖然使用上有些麻煩，但若把它當作建立簡報資料的整理系統，瀏覽就能更方便。

有iPad就不需要筆記型電腦了嗎？

「有iPad的話，工作上即使沒有筆電也可以嗎？」對於這種問題，至少對我來說，只能回答：還早的呢。

雖然iPad確實是非常強的工具，但坦白說，目前我只是把它當作展示、瀏覽用的工具。在展示圖片、瀏覽網路方面，它的功能的確非常強大，不過，輸入文章卻是實體的鍵盤快又正確，精確度較高，要做比較複雜的繪圖或是計算畢竟還是需要筆電。因此在咖啡館寫稿子時，我還是會打開筆電。

不過，知道了iPad的「魅力」之後，現在iPad已變成我的必需品。所以，我總是把筆電和iPad一起放進包包，把iPhone放到口袋裡。如果說「這樣重量不是一點也沒有變輕嗎？」話是沒錯，不過，因為目前兩者各自擁有不同的強大功能，所以只選擇一方實在是太可惜，倒不如去減少其他攜帶的物品。

利用雲端服務

這幾年數位工具的變化快速，雲端運算服務的日益充實便是其一。其正確用語的定義及詳細的內容請自行查閱。

簡單地說雲端服務就是：透過將保存在各個PC硬碟、特定伺服器資料的舊有模式，上傳到網路上（就好像在我們頭頂上有一大片白雲飄蕩著的地方），這樣便能從有連上網的各種設備取出同樣的資料來瀏覽；或是將變更的資料同步處理至雲端，就能共用、同步資料而不用在好幾個裝置間尋找資料。

我本身有在使用Apple「MobileMe」的雲端服務，若是把Mac、iPhone、iPad上使用的通訊錄或網路瀏覽器的「我的最愛」標籤、行事曆等資料在各個終端裝置上更新，就能保存在雲端上，等其他終端裝置連接網路時便會被同步，比方說在辦公室新增的通訊錄資料也會自動在iPhone、筆電上更新。這樣由於資料的源頭都相同，所以重覆預約、地址變更資料的錯誤等情況便會減少。

Evernote
是動態資訊的暫存處。

使用「Evernote」

目前雲端的服務五花八門，有以資料備份為主的服務或是與特定人士共用的服務等等，各有不同的特色，其中我每天經常在使用、並且「強烈推薦」的就是「Evernote」。

在各種雲端的資訊服務中，Evernote主要是提供個人資訊收集和運用的服務。可以說就如同名稱一樣，它是一種隨時隨處都可使用的「記事性」服務。

不只是文字，其他如數位照片、文件掃描器掃描存入的圖片、網頁擷取、甚至聲音等各種資料都包在內，只要把資料貼到Evernote，就能自動上傳雲端，讓其它的終端裝置共用，並自動進行同步更新，作業非常地簡單。

Evernote可以從網路瀏覽器或是專用的用戶端軟體來利用，用戶端的軟體對Mac和Windows雙方都有支援，並且支援大部分的智慧型手機，行動派的人實在沒理由不去運用它。

例如，先在網路上查詢即將舉行的展覽或是潛在客戶的資料，然後再把資料放到Evernote，就能輕鬆地踏出公司，在外面用iPhone來查看資料（不過我最常利用的是喝酒聚會之類的消息）。在行程確定後，如果先把相關的資訊以及掃描下來的邀請卡等一起放到Evernote，那麼當天就不需費心，只要從智慧型手機啟動Evernote查看就一切OK。

前面介紹過的ScanSnap也一樣，只要在驅動程式的設定裡登錄Evernote，那麼掃描下來的圖片也可以直接上傳到Evernote。把紙放在掃描器上裝好，再按一下掃描按鈕，圖片資料就都可以共用。

另外，備忘、照片、聲音記錄等，由於都能從智慧型手機用的用戶端軟體簡單上傳，所以在外面看到有興趣的東西可以先用手機拍攝下來，然後再用電腦整理。譬如在會議後把白板和資料拍下來，回座以後就能在PC上邊看白板圖片記錄邊作業。如此，利用各種機器的長處，便能發揮強大的力量。

本書的執筆也是在Evernote上進行

除此之外，Evernote還具有強大的影像解析及檢

索功能，只要把照片上傳到Evernote，Evernote的伺服器就會幫我們自動進行影像解析，然後把資訊附加到影像上作為檢索文字的資訊。

另一個很厲害的地方就是它連手寫的文字都可以用高度OCR（光學文字辨識功能）來讀取辨識。由於2010年起，Evernote開始支援日語辨識，準確度也逐漸提昇，只要把寫在白板或是紙上的東西拍下來便可以進行檢索。所以即使資料沒整理好也沒關係，只要把資料先放到Evernote裡，那麼即使人在外面也可以從攜帶終端裝置把資料叫出來看，實在是太方便了，真是讓人意想不到的劃時代創舉。（註：目前Evernote的中文辨識尚在發展中。）

Evernote和前一節所介紹的iPad「Photo」應用軟體不同，後者並不需要進行同步作業。我想能完全利用這種優異特性的，那就是動態檔案的維護與瀏覽。

不管是在工作還是私事，像是沒寫完的稿子、點子的備忘記錄，或是在事情完成前需要的資訊，日後還會想看的東西等等動態的檔案，就很適合用Evernote來處理，它可以讓我們把這類動態資料不斷擴充。

而且隨著iPad、iPhone 4的出現，用攜帶式終端裝置瀏覽文件變得非常容易。由於硬體環境的改善，Evernote的方便性也大幅提升。

而本書的原稿也是在Evernote平台上書寫，我利用幾個不同的終端裝置，一邊反覆閱讀稿子，一邊想到什麼就立即修改，藉Evernote共用的功能，和編輯共用下完成的。

因為每次都會更新成最新版後才作業，所以不但能減少版本錯誤所造成的問題，而且變更時不用一一用郵件往返就能確認，幫助很大。

此外，由於資訊在雲端，所以只要有網路連線的終端裝置，就能登入網路瀏覽器。也就是說，只要把資料先上傳到Evernote，那麼就算自己的機器無法啟動，也能使用其他攜帶裝置、借用別人的機器或是利用網咖等其他取出資訊的方法，所以「總會有辦法」的。

Evernote現在（2012年1月）免費版每個月可以上傳40MB的基本類型檔案，若改為專業版（付費），上傳檔案

的類型就沒有限制，而且每個月可上傳500MB、檔案可以共用等等，方便性會提高。

　　我建議先免費登錄使用看看，我個人是在開始使用一個月之後就改為專業版，目前幾乎每天透過幾個不同的終端裝置來存取資料。

雲端服務的定位

同步的基本資料
使用中的暫時性資料

Evernote
MobileMe
Dropbox

大容量的
照片資料

iPad

iPhone

「蒐集來的資料，最後有發揮什麼用途嗎？」

到目前為止，我對大量資料的取得及瀏覽方法已做了一番闡述，不過也有人冷冷地說道：「這麼拼命取得的資料，最後有什麼用嗎？我還沒看過有好好運用的人呢。」聽了讓人耳朵確實會不太好受。

的確，把資訊數位化保存這種行為本身若變成目的，那就沒什麼意義了。利用資訊、讓它產生新的價值才會有意義。

這點我很能理解，所以就繼續前面的話題吧（笑）。我認為，網頁的擷取或雜誌的掃描等行為，與把剪貼貼在剪貼簿上幾乎是相同的行為。

對某個專案的研究等所調查、收集的資訊具有意義及很高的價值，而一般人的剪貼，很多是「不知為什麼就是很想要」、「也許什麼時候會要用」、「或許哪個時候會要參考」等程度的東西，不管是瀏覽的機率還是資訊價值都明顯地偏低，這點我也了解。

因此，也有工作術作者認為：「收集資訊實在是浪費時間，不如先把它扔了，等有需要時再收集就好。」這種提議基本上是正確的。

瓶頸位於資訊的「出口」

不過，有時也會遇到需要舊資料的時候，具體來說，像我講到文具時常會引用以前的產品做例子，但查詢廠商的網頁，卻因停售等緣故，產品的網頁就消失無蹤、彷彿不存在了。這時，以前的目錄或是網頁的擷取剪輯檔案就會很有用。

以後還會想用哪個產品目錄、網頁，現在根本就不會知道，所以我把很多資訊「先暫且」存起來。但是實際上，這些存起來的資訊以後會有什麼用處，如果從成本效益來考量這個問題，到目前為止，我不得不坦白承認結果很明顯是負的。

儘管如此，我還是對未來充滿信心，繼續進行紙張和照片的數位化。而我的信心終於逐漸實現了，首先，轉換資料（資訊的「入口」）的作業

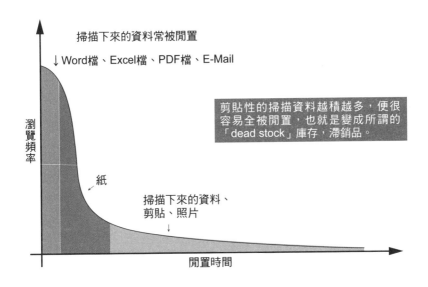

掃描下來的資料常被閒置

↓Word檔、Excel檔、PDF檔、E-Mail

瀏覽頻率

紙

掃描下來的資料、
剪貼、照片
↓

閒置時間

剪貼性的掃描資料越積越多，便很
容易全被閒置，也就是變成所謂的
「dead stock」庫存，滯銷品。

時間由於文件掃描器和裁紙機的問世而大幅地減少，資料儲存空間的問題也因硬碟的大容量化，現在一般個人也都能取得大到令人難以置信的容量，此外儲存裝置的存放地點正從我們的手邊移到雲端（也就是網路上。雖然把全部的資料放到雲端，目前在容量方面還無法做到，不過應該不久就會實現，有足夠的容量可以把全部的資料放入，並且無論何時何處都能存取）。

但是，收集的資料再多若不能拿出來加以運用，那就等於零。這樣只是資訊的「入口」很寬，儲存的東西只會越來越龐大而已。

若考慮到最終運用的問題層面，目前的瓶頸其實是卡在資訊的「出口」。

把書房放進包包裡

不過，隨著iPad的上市，資訊的「出口」終於戲劇性地變寬了。iPad的啟動速度、捲動轉軸的速度以及展示資料給別人看時的靈巧，其便捷的操作性已不是筆電所能相比。

就像掃描器的使用量相對於操作所花費的時間並不是直線式的一樣，取出資料所花費的時間若低於某個臨界值，積存資料的瀏覽頻率便會爆增。

這麼一來，就能建立完善的環境，來運用那些原本只是存入而不會再看的閒置資料。

沒錯，這就像「長尾理

157

論」（Long Tail）一樣。（譯注：長尾理論The Long Tail一詞最初由美國《WIRED連線雜誌》總編Chris Anderson發表在2004年的雜誌中，為說明數位時代網路商業的特性所提倡的行銷理論。是指那些原來銷量小、不受重視的產品，如果把它們集中管理，銷售就會大增的一種經濟理論。長尾理論的圖形是以銷售量為縱軸、商品名稱為橫軸，商品依銷售量由大至小順序排列以此畫出曲線。曲線右側會出現銷售量急遽減少的現象，這代表銷量少的商品數量極多。由於右側的線看起來像長長的尾巴，所以便把這個理論稱為「長尾」理論。）以往很多人常會在自己的書房裡存放大量的文件，不過，如果不是有多餘空間又有閒的人，或是了不起的達人，要有效地利用那些資料可說是極困難的。

然而現在透過資料的數位化，把龐大的庫存資料放入包包裡帶著走，需要的時候再咻地馬上拿出來，這已不再是夢想了。

前一陣子在一個活動裡，我偶然遇到了高中畢業後十八年都沒再見過面的社團學弟，

使用iPad，我可以在大約一分鐘內馬上把家人和自己小時候的照片拿出來。

那時他問「你還記得我嗎？」我回答「當然！」「真的嗎？」他懷疑地說，於是我便啟動MacBook，從外接硬碟調出二十年前和他一起拍照的社團照片，結果他嚇一跳。前後花不到五分鐘的時間（**包括連接硬碟在內**），我邊和他聊以前的事邊消磨時間，如果照片是放在iPad裡，等待時間更可以縮短成一分鐘。

現在，就算iPad是放在包包裡，我也能在一分鐘內打開iPad，把自己出生時的照片、父母婚禮的影片、祖父出征前的照片、國中同學的照片、大學畢業論文、自己做的同人誌和作品、刊登在雜誌上的文章等等拿出來。

當然，若我早知道會碰到學弟而有所準備，拿出照片就不是那麼令人驚訝，但我完全是在偶然的機會下突然見面，並且立刻拿出二十年前的照片，不用說兩人都非常興奮。

這個例子並不是商業上的情況，不過在商業上也有類似的事，像是以前就保存下來的企劃案、沒被採用的點子等等，或許哪一天就會用得到。為有效利用「長尾」而作準備，就能讓以往的資料產生不同的意義。

各位在這一年當中，可曾看過一年前的照片？可曾把放在書架上寶貴的紀念剪貼、雜誌再次打開來談論或是運用？希望大家老實地想想。要是有機會能把它們拿出來看，那種快樂就會非常特別。

雖然要把環境建立好並不是一兩天能做到的，不過若不開始做，堆積的資料會越來越多，最後大部分都無法善加運用。這樣一來，即使有人說倒不如把它丟了，我也無話可說。

所以，為了不讓這些身邊的資料被閒置，我會用個人所有可能的辦法（**當然要花錢**），把它們裁切、掃描，然後存到iPad裡。

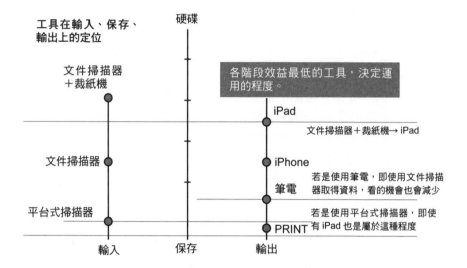

工具在輸入、保存、輸出上的定位

硬碟

文件掃描器＋裁紙機

各階段效益最低的工具，決定運用的程度。

iPad

文件掃描器＋裁紙機→ iPad

文件掃描器

iPhone

筆電

若是使用筆電，即使用文件掃描器取得資料，看的機會也會減少

平台式掃描器

PRINT

若是使用平台式掃描器，即使有 iPad 也是屬於這種程度

輸入　　保存　　輸出

「Twitter」已變成我生活的一部分

我是2009年9月開始使用「Twitter」的，當時日本市面上已經出了好幾本有關Twitter的書，所以我並不算很早就開始。

在已使用的朋友推薦下，我有樣學樣地開始嘗試，一試便入迷，現在它已經變成我生活重要的一部分了。

雖然「Twitter」又稱為「碎碎念小型部落格」，不過我認為這個用語還不足以代表它的本質。我很早就建立了部落格，不過實際試用Twitter後發現，Twitter就是Twitter，跟別的工具完全不同。這個工具所帶來的好處會因個人的使用方式而有所不同，僅僅說明沒有什麼意義，對已經開始在用的人來說，它的好處又太過於理所當然，因此隨你怎麼說都行，只能請各位去實際試試看。

有關Twitter功能面的詳細介紹，已經有很多入門書，所以就請大家去找來看，而這裡我想把我的情況寫出來做為大家的參考。

發表意見門檻的降低

我把Twitter用在幾個不同的方面，首先我把它當作簡易型部落格的工具。之前我也是把自己所思、所想、所感的事上傳到部落格上，雖然建立部落格已經比網頁簡單，不過要上傳文章到部落格必須依它的格式做系統地編排，在格式上需要符合規定。

然而Twitter因為規定一則訊息只能寫140個字元，所以只要不超過這個長度，就可以寫下自己的想法丟到Twitter上。

因為「即使訊息沒有整體架構也能零散發布」降低了表達想法的門檻，可以「總之，先發個文上去看看」，所以訊息的更新頻率便快速提升。

對自己的發文還有關注者（Follower）的回覆，這樣更能加深、擴大思考的深度與廣度。最棒的就是對自己發文的直接反應會在極短的時間內回來，沒有什麼比這更點能激發發文者的動力了。

我想許多超級忙碌的發文者之所以關閉其他的媒體工具而在Twitter上推文，就是因為從中常能立刻感受到別人對自己發文的反應，這點十分具有魅力。

另外，這「140個字元」（譯注：中文為70個字）恰巧在日語上是整理一個想法剛好的長度，這也是Twitter的魅力之一。野口悠紀雄先生在《圖解「超」學習法》（2009年，講談社）一書中，提倡所謂的「150字寫作法」，認為訓練用150個字寫出有意義的文章能提昇應用文的寫作能力，而Twitter的文字量正是如此，它也能讓人練習簡潔地書寫文字。

與無法直接見面的人交談

再者，Twitter可以作為社交聚會的場所。

Twitter除了是表達自己想法的地方，同時也是匯集他人想法的地方。在自己的Twitter畫面上，有在Follow關注的推友，Tweet（推文）會不斷更新、流傳，而藉由引用推友的訊息或回信，訊息便會傳播開來，形成話題。

在傳播的過程中，有人會透過別人而發生興趣，對話題加上意見，於是便和不認識的人連繫起來，訊息就會轉回來。這和聯絡特定人的電子郵件或是確定參加者的社群網站不同，Twitter是以話題本身為核心，和有共同興趣的人交換意見，有時甚至還可以和完全不認識的專家交談。

尤其像我有好幾位私下尊為老師的大忙人，雖然我們實際碰面交談的機會很少，不過有時常會在Twitter上聊得很起勁，而且因為這些交談常常是開放的，所以會有其他人的意見加入，然後就越傳越廣。

另外，有時即使自己沒有直接參與對談，但是也能親眼看到當時的盛況，這真的是一個非常刺激的地方。當然在同好間會傳播有興趣的話題，不過常常會發展出連自己也沒想到的有趣內容。

此外，可以即時進行Tweet這點也很有趣。在2010年的南非世界盃足球賽時，Twitter的時間軸（TimeLine）即因足球的話題而加快了速度。還可以邊看訊息，邊和許多不在現場的人一起感受現場的「氣氛」。

Twitter還有一個很有趣的

地方，那就是自己所關注推友的Tweet常常會變成自己的一個「好題目」。有時只因看到時間軸上他人的Tweet，內心瞬間便被觸動而想一吐為快。從他人的Tweet而引發自己內心潛在的想法，這種狀況經常發生。

只在Twitter上發生的「久別重逢」

再來還有一件怪事，就是開始使用Twitter後，和實際認識但平常很少說話的人說話的機會明顯增加，包括校友、從前社團的朋友、老師等等。

其實即使是認識的人，若沒什麼特別的事就不會常連絡，但是一旦用Twitter知道彼此的狀況，便很容易聊起瑣碎的事。而且就算彼此沒有直接交談，也會因無意中有瀏覽過彼此的Tweet，所以會知道大致的情況。

這個影響真的很大，某天我只不過發了個Tweet，就有遙遠老家的朋友寫信給我——我把不幸碰到末班電車因交通事故暫停的事在Twitter上發牢騷，結果人在新加坡、大學時代的朋友留言鼓勵我，讓我大吃一驚，覺得好像印象上本來是「用賀年卡在連絡的人」變成了「住在附近的人」，高中畢業十八年，反而最近半年來經常聯絡，這也是很令人驚訝的事。我在Twitter上與好幾個本來可能不會再聯絡的朋友「久別重逢」，若沒有Twitter，就不會發生這些事。

透過Twitter交談的人有時也會有碰面的機會，然而由於無意中已從許多Tweet知道對方的為人，所以大部分碰面時彼此便會「覺得好像不是第一次見面呢」。至於說到對方的為人如何，由於從對方長期的發文中便會透露出來，所以從Tweet甚至會比郵件連絡或其著作更能真實地顯現。

製造機會的可能性

不管從哪個方面來看，只要推友的人數增加，其中的樂趣及影響力便會具有不同的意義。即使話題在100人中只得到1人的共鳴，而如果推友有1,000人，那麼就會有10人反應回來。

但是與其用互相Follow跟隨等方式勉強增加推友，還不如繼續談一些自己認為有趣的事。如果推友只是應付式地Follow自己而根本沒看推文，

人數只是個表面數字，對談話的內容有興趣的人來Follow跟隨才具有真正的意義。

對所謂不是使用大眾傳媒的中級資訊傳播者而言，Twitter是一種極為強大的工具。每當電視上提到Twitter，主播便會說「趣味性不足」這類的評論。他們當然會這麼說，因為他們已經擁有電視這種驚人傳播力的工具，所以沒有Twitter他們還是具有影響力。

但是，對我這種「只認得認識的人」的資訊傳播者來說，這種傳播的速度感，以及能直接和許多人聯繫的感覺，Twitter便具有其他工具所沒有的強大力量。

有一次，我要在某個店面做文具的現場示範銷售，我把舉辦的時間發文到Twitter上，結果許多人看到後在假日特地前來參加。甚至我在Twitter上嘀咕說想要什麼東西，結果東西就被產品化了（※）。像這樣，在Twitter上會發生各種可能的事。

不過當然Twitter不是萬能的。Twitter只是一種工具，若無法做超過自己能力範圍的發文是沒辦法的，會受限於自己的能力。

不過隨發文的內容，或許就能聽到平常絕對沒有機會聽到的上層人士的談話，連接到不知如何寫信給對方的人。這真的是太厲害了，對有東西想要發表的人來說，沒有比Twitter更高明的工具了。

並不是「在Twitter上說說就滿足」

雖然如此，若要把有系統的談話完整傳達而不讓人誤解，140個字元畢竟還是太少了，而且有很多推友的話，推文會從時間軸上迅速流失，因此不知道訊息是否已適切傳達給正確的推友，這些都是Twitter的缺點。

我認為推文頂多是用來「聊天、發發牢騷」，若想用完整的形態來表達，那就需要在部落格或是文章裡重新整理，而「不是在Twitter上說說就滿足」。

另外，Twitter最厲害的是可能會讓人上癮——讓人變得很在意他人的發文或是回信，所以要注意，別在不知不覺中上癮。而且，它也可能會佔去許多時間，使本來想做的事沒有完成。坦白說，自從我開

始用Twitter，讀書量便明顯下降。

關於這點我也在反省，不過Twitter的好處畢竟很多。或許閱讀本書的人，大多並不是想當個發文者，或主張些什麼，所以很多例子可能不適合作為您的參考，不過即便如此，從各種方面來看，我認為Twitter是一種「可以讓努力的人獲得犒賞的媒體」。

※我在2010/01/20的推文寫道：「不曉得半年內有哪家文具廠商能推出140字的稿紙便條紙或筆記本」，結果真的因此而實現了，但這畢竟是在自己的「玩笑話」下廠商所製作的東西。

	類比（紙本）運用	準備
行事曆、手帳	文具王手帳（口袋型便條記事本）	
工作筆記本	MOLESKINE 筆記本（大型）	
工作資料		
工作文件	A4 化（影印、壓克力板）	山根式資料袋檔案
一般文件		
產品目錄、雜誌	丟棄不需要的頁面	裁紙機 PRO 拔釘鉗＋拆信刀
書籍	閱讀、做記號	裁紙機
使用說明書		
明信片、舊照片		
數位相片		
網頁、郵件的摘錄		
白板等照片記錄（用 iPhone 拍攝）		
原稿		
名片		
大頭照		
名片＋大頭照（今後）		
動畫影片		

轉換	數位運用	保存	外帶
ScanSnap＞JPEG	Evernote（雲端）		iPad、iPhone
保存用資料夾	→	書架	
→			
→	硬碟		
ScanSnap ＞ JPEG	PC 資料夾（山根式）	硬碟 / 伺服器	
	iPhoto（Aperture）		自己看是用 iPhone，給別人看則是用 iPad
→ → → →	Evernote（雲端）		
保存用資料夾	通訊錄	MobileMe（雲端）	
iPhone 相機	Evernote（雲端）		
轉換	影片資料夾	硬碟	

我試著把現有的各種資料，從取得到用類比和數位的運用、保存、外帶等利用的狀態做成一覽表。我絞盡腦汁想要完整地寫下來，不過做成表後，連自己也覺得很複雜。
目前Evernote我是以「未完成、運用中、私人用」的資料為主，主要在iPhone上用來閱覽；而iPhoto（Aperture）裡的照片則是「已完成、保存用、要給他人看的東西」，主要在iPad上用來閱覽。
關於數位的運用和保存，今後軟硬體、服務都會有所變化，我期待這部分能變得更為簡便。

結　語

　　「Lifehack」（聰明工作術）這個標題實在很偉大，個人的一點小創意，能夠藉由「工作術」之名而呈現在眾人的眼前，讓人感覺到一個能共享「小改良」智慧的平台出現了。因為如此，所以不論是在網路還是書上，我們都能看到數不盡的工作術，這真是一件值得慶幸的事，而本書也是在這樣的環境下所啟發的一個企劃案。

　　我認識「Lifehack」用語的經過有點奇特，記得剛好是在「Lifehack」這個用詞被商業雜誌開始提起的時候，我接受了一位讀過我部落格和書的雜誌記者採訪，他問我對「Lifehack」的看法，但是那時我還不知道「Lifehack」這個用詞，於是我便反問他：「那是什麼？」

　　當時記者也還在摸索當中，他跟我說明了GTD（譯注：GTD全名為Getting Things Done，是David Allen在同名的書籍《Getting Things Done》中所提倡的一種個人工作流程管理技巧，是工作術文化的一種）等幾個觀念，但還是讓人不得要領，在交談中說了半天，我說：「比如說要是這樣這樣做的話，就能這樣這樣了，是這個嗎？」我舉出了幾個實例，他便說「就是這個！」我還記得當時我們的對話。

　　從那以後，我接受了許多有關工作術的報導等採訪，並開始寫「B-Hacks！」的專欄連載，用工作術的形式介紹自己使用的「各種事情的作法」，這裡面有許多是自己從以前就有的作法，而新想出來的作法其出發點也同樣是基於單純的想法──我對自己想做的事總是會想：「沒有更

168

好的方法了嗎？」而在方法的背後，有我想表達的精神，我希望能把每日的麻煩事盡量搞定，因為，我知道自己不是一個很能幹的人，所以總是不斷地在摸索，希望多少能找出一些好辦法。

到目前為止，我已經分別寫有關工作術的實例以及建立工作術之際的基本想法，不過最後還有一件事必須補充。

在實際嘗試或是想出工作術時，最重要的一個重點——就是「誠實地觀察自己」。對自己不要評價過高，每個人其實比自己所期待的更為懶散、更怕麻煩、自制力不足。一天只花個五分鐘，或是每天只要寫某個記錄，再或是偶爾檢查一下ToDo List待辦事項……，「只是這種小事」但卻都做不到，首先，就請從承認自己是這樣的人開始吧。

本書所介紹的方法，許多是為了生活散漫而已經無可救藥的我長期所摸索出來的結果——儘可能不要靠自己的努力、意志力以及不費事的方法。我希望包括我在內，對別人所提出的工作術，要能坦白地問自己，這個方法對自己「真的方便嗎？」、「真能持續做下去嗎？」事情若做不好，努力去做也是一種解決法，不過，若努力無法持續，有更簡單、更新的方法也不是壞事。因為，只要最後「想做的事」能順利進行，就是正解。

文具和日常生活用品都是為了做事方便而產生的工具，而工作術則是它的技巧。不管哪一個都不是目的，而是藉這些工具來改善工作和生活。即使利用再好的工具或技巧，但卻沒帶來更好的結果，那就沒有意義了。

因此，在本書執筆之際，我自己也做了諸多反省。我本來只是著重在撰寫運用工作術方面的

事，不過後來執筆作業的過程超出想像地緩慢，給許多相關的人添了很多麻煩。從中我深切地體會到：工作術只是技巧，勝敗的關鍵乃是在於最後能產出什麼、產出多少；最重要的事是我實際上到底想要傳達什麼，而且最後是否有能力實現。

這本書便是我所提出方法的總結，到目前為止我使用這些方法做了許多事，但並不能斷然地說事情已經大功告成了，我自己本身也還不斷地在煩惱、摸索當中。所以，無法保證本書一定能直接對各位有所幫助，不過作為一個勇於嘗試錯誤、不斷摸索的文具愛好者，若各位也能因此開始進行小小的冒險，那我就非常高興了。

高畑正幸

高畑正幸

1974年出生於日本香川縣丸龜市，千葉大學工學部機械工學科、同校工學部工業設計學科碩士畢業。從小學時代便很擅長美勞和理科，持續二十五年至今。曾於日本的電視東京系列「電視冠軍」節目蟬聯「全國文具通錦標賽」三連霸，取得「文具王」的稱號。目前任職於文具廠商，除了擔任企劃開發的工作外，還經常進行現場文具的介紹示範銷售，以及以聰明工作術、數位工具為題舉辦多次的演講。此外，還以「文具JAMU」（可能是日本唯一的文具迷團體）成員的身分舉辦相關的活動。著有《文具的徹底活用目錄－必備品篇》（LOCO MOTION PUBLISHING）、《鉛筆盒蒐集本》（以文具JAMU名義出書，LOCO MOTION PUBLISHING）等書。

《高畑正幸網站、部落格、Twitter推特》
TOWER-STATIONERY http://www.kunugiyama.com/tower-st/
隨想日記 文具王的日記http://bungu.seesaa.net
Twitter：bungu_o

《網路連載、雜誌連載等》
日本《誠 Biz.ID》的《文具王的B-Hacks！》專欄連載 http://www.itmedia.co.jp/bizid/bungkingindex.html
日經Trendynet連載「文具王高畑正幸的最新文具樂園」 http://trendy.nikkeibp.co.jp/article/column/20071021/1003604/
ScanSnap 超級活用術第三集「採訪文具王高畑正幸的ScanSnap徹底活用術」
http://scansnap.fujitsu.com/jp/howto/
BUN2連載「不一樣的男性文具講座」
http://bun2net.jp/

國家圖書館出版品預行編目資料

電視冠軍（文具王）聰明工作術 / 高畑正幸作；
　陳政芬譯. -- 初版. -- 新北市：智富，2012.02
　　面；　公分. -- （風向；43）
　　譯自：究極の文房具ハック：身近な道具とデ
ジタルツールご仕事力を上げる
　　ISBN 978-986-6151-21-7（平裝）

1. 文具　2. 工作簡化　3. 工作效率

479.9　　　　　　　　　　　　　100024037

風向 43

電視冠軍【文具王】聰明工作術

究極の文房具ハック──身近な道具とデジタルツールご仕事力を上げる

作　　者／高畑正幸
譯　　者／陳政芬
主　　編／簡玉芬
責任編輯／陳文君
封面設計／鄧宜琨
出 版 者／智富出版有限公司
發 行 人／簡安雄
地　　址／（231）新北市新店區民生路 19 號 5 樓
電　　話／（02）2218-3277
傳　　真／（02）2218-3239（訂書專線）
　　　　　（02）2218-7539
劃撥帳號／19816716
戶　　名／智富出版有限公司
　　　　　單次郵購總金額未滿 500 元（含），請加 50 元掛號費
酷 書 網／www.coolbooks.com.tw
排版製版／辰皓國際出版製作有限公司
印　　刷／長紅彩色印刷公司
初版一刷／2012 年 2 月

定　　價／280 元

"KYUKYOKU NO BOUNBOGU HACK" by Masayuki Takabatake
Copyright © 2010 KAWADE SHOBO SHINSHA Ltd. Publishers
All rights reserved.
Original Japanese edition is published by KAWADE SHOBO SHINSHA Ltd. Publishers.
This Complex Chinese edition is published by arrangement with
KAWADE SHOBO SHINSHA Ltd. Publishers, Tokyo in care of Tuttle-Mori Agency, Inc.,
Tokyo through LEE's Literary Agency, Taipei.